Arbeiten aus dem
Institut für allgemeine Botanik der Universität Zürich. II. Serie Nr. 9

Entwicklungsgeschichtlich-cytologische Untersuchungen an einigen saprophytischen Gentianaceen

Inaugural-Dissertation

zur
Erlangung der Philosophischen Doktorwürde
vorgelegt der
Philosophischen Fakultät II
der
Universität Zürich

von

Ernst Oehler
aus Aarau

Begutachtet von Herrn Prof. Dr. A. Ernst

Springer-Verlag Berlin Heidelberg GmbH
1927

ISBN 978-3-662-39262-1 ISBN 978-3-662-40290-0 (eBook)
DOI 10.1007/978-3-662-40290-0

Sonderabdruck aus „Planta“ Band 3, Heft 4.

Inhaltsübersicht.

Seite

I. Einleitung und Fragestellung 641

II. Äußere und innere Morphologie der saprophytischen Gentianaceen . 643
1. Morphologie des Stengels 643
2. Bau der Blätter und Spaltöffnungen 645
3. Bau der Blüten 647
a) Voyria coerulea Aubl. 647
b) Voyriella parviflora Miq. 649
c) Leiphaimos spec. 653
d) Cotylanthera tenuis Bl. 655

III. Entwicklung der Antheren und des Pollens 656
a) Voyria coerulea 657
b) Voyriella parviflora 662
c) Leiphaimos spec. 666
d) Cotylanthera tenuis 669

IV. Bau und Entwicklung der Samenanlagen 673
a) Voyria coerulea 673
b) Voyriella parviflora 678
c) Leiphaimos spec. 683
d) Cotylanthera tenuis 689

V. Bestäubung und Befruchtung 694
a) Voyria coerulea 694
b) Voyriella parviflora 696
c) Leiphaimos spec. 698

VI. Entwicklung des Embryos und Endosperms 700
a) Voyria coerulea 700
b) Voyriella parviflora 704
c) Leiphaimos spec. 707
d) Die Ooapogamie bei Cotylanthera tenuis 711

VII. Bau und Entwicklung der Samenschale 715
a) Voyria coerulea 715
b) Voyriella parviflora 716
c) Leiphaimos spec. 718
d) Cotylanthera tenuis 719

VIII. Zusammenfassung und Besprechung der wichtigsten Ergebnisse . . 720

IX. Literaturverzeichnis 728

X. Erklärung der Abbildungen zu Tafel I—V 730

I. Einleitung und Fragestellung.

Unter den *Saprophyten* haben ganz besonders die Vertreter der *Blütenpflanzen* schon lange das Interesse der Forscher auf sich gelenkt. Es war verlockend, diese Pflanzen, die durch das gänzliche Fehlen von Chlorophyll in ihren Blättern und Stengeln auffielen, einer eingehenden Untersuchung zu unterziehen.

Das Studium der morphologischen und anatomischen Verhältnisse von Wurzel, Stengel und Blatt ergab, daß saprophytische Arten gegenüber chlorophyllführenden Vertretern des gleichen Verwandtschaftskreises in vieler Beziehung Veränderungen und Reduktionen im Bau der einzelnen Organe aufwiesen. Vergleichende Zusammenstellungen der besonderen Merkmale von Saprophyten aus verschiedenen Verwandtschaftskreisen ergaben eine auffallende Ähnlichkeit in der Ausbildung und Gestaltung der Organe, so daß man berechtigt war, gewisse Veränderungen und Reduktionen als Folge der saprophytischen Lebensweise zu betrachten.

Es lag nun die Frage nahe, ob diese Veränderungen und Reduktionen auch die Reproduktionsorgane ergriffen hätten, ob sich auch im Bau der Antheren und des Fruchtknotens, in der Ausbildung der Samenanlagen Vereinfachungen oder Rückbildungen zeigten, die den verwandten, chlorophyllführenden Arten fehlen, dagegen bei Saprophyten anderer, nicht verwandter Familien anzutreffen wären.

Die erste Untersuchung dieser Art stammt von FR. JOHOW (1885, S. 415—449 und 1889, S. 475—525), der in Anbetracht der zur Anwendung gekommenen Untersuchungsmethoden eine recht eingehende Darstellung von Aufbau und Entwicklung einiger tropischer Saprophyten gab. Er untersuchte nicht nur den Bau der vegetativen Teile wie Wurzeln, Stengel und Blätter, sondern auch Entwicklung und Bau des Gynäzeums und der Samenanlagen. Es ist ihm gelungen, bei saprophytischen Arten verschiedener Familien eine ganze Reihe gemeinschaftlicher Merkmale aufzufinden, die den verwandten chlorophyllführenden Arten fehlten.

Nach JOHOWS Zusammenstellung waren damals schon 43 saprophytische Gattungen mit etwa 160 Arten bekannt, die sich auf 5 verschiedene Familien, *Orchideen*, *Burmanniaceen*, *Triuridaceen*, *Pirolaceen* und *Gentianaceen* verteilten. Ihre Anzahl ist seither bedeutend gestiegen. Erneute Untersuchungen, vor allem embryologisch-cytologischer Natur, unter Anwendung verbesserter Untersuchungsmethoden wurden notwendig.

In einer Serie von Arbeiten haben A. ERNST und CH. BERNARD (1909 bis 1912) zunächst in eingehender Weise die *Burmanniaceen* einer neuen Untersuchung unterzogen. Es wurde dabei hauptsächlich Gewicht auf die entwicklungsgeschichtlich-zytologischen Fragen gelegt und gewisse Punkte, so z. B. die Bestäubungs- und Befruchtungsverhältnisse, die von JOHOW und anderen älteren Forschern noch gar nicht untersucht worden waren, eingehend behandelt. Aus den Familien der *Triuridaceen* und der *Polygalaceen* wurde zur selben Zeit je ein Vertreter von WIRZ (1910, S. 1—52) in gleicher Weise untersucht. Eine ähnliche Darstellung entsprechender Verhältnisse bei den *saprophytischen Gentianaceen* lag bis jetzt noch nicht vor. Ich bin daher gerne der mir gewordenen Anregung nachgekommen, ein recht umfangreiches Material saprophytischer Gentianaceen zu bearbeiten und vor allem wieder die Entwicklung des Androezeums und Gynäzeums, die Bestäubungs- und Befruchtungsverhältnisse und die Ausbildung von Samen und Embryo zu verfolgen.

Nach GILG (1895, S. 61) besitzt die Familie der Gentianaceen vier Gattungen mit saprophyten Formen: *Voyria*, *Voyriella*, *Leiphaimos* und *Cotylanthera*. Ihre Stellung innerhalb der Familie ist noch ganz unsicher. Einigermaßen sicher ist wohl nur, daß *Cotylanthera* infolge des Baues ihrer Plazenten dem Tribus der *Gentianoideae-Gentianeae-Exacinae* einzuordnen ist. Von den drei anderen Gattungen steht *Voyria* nach GILG als einzige Gattung der *Gentianoideae-Voyrieae* isoliert, während *Voyriella* und *Leiphaimos* miteinander den weitern Tribus der *Gentianoideae-Leiphaimeae* bilden. Diese Einteilung gründet sich auf die Verschiedenartigkeiten in der Form des Pollens und der Zahl und Ausbildung der Keimporen. Die Gattung *Leiphaimos* selber ist, wie schon GILG bemerkt hat, wohl sehr heterogener Natur. Nach den Untersuchungen von JOHOW (1885, S. 442—446) lassen sich innerhalb derselben nur in bezug auf die Ausbildung und Form der Samenanlagen zwei voneinander ganz verschiedene Typen unterscheiden. Bei dem einen, zu dem auch die von mir untersuchte Art gehört, bleiben die Samenanlagen und die Samen stets kugelig, während sie bei anderen Arten an beiden Enden zu langen, dünnen Fortsätzen ausgezogen werden und damit den *Typus der Gentianaceensamen* vollkommen *verlieren*, dagegen den *Samen saprophytischer Burmanniaceen* und *Orchideen* auffallend *gleichen.*

Das mir zur Verfügung gestellte Material von *Voyria, Voyriella* und *Leiphaimos* stammt aus *Surinam.* Es ist auf Wunsch von Prof. A. ERNST durch Dr. G. STAHEL in *Paramaribo* eingesammelt und fixiert worden. *Voyria* und *Voyriella* stammen von demselben Standort (Sectie O, km 64 der Eisenbahn von Paramaribo weg) am Steilufer eines kleinen Bächleins, $^1/_4$—$^1/_2$ Stunde westlich der Station. Das Material der *Leiphaimos*-Art kommt aus dem *obern Maratakka,* wo es von Dr. STAHEL auf einer Exkursion gefunden wurde.

Das Material von *Cotylanthera tenuis* stammt aus *Java* und ist zum Teil von Prof. A. ERNST während seines dortigen Aufenthaltes im botanischen Garten von Buitenzorg selbst eingesammelt und fixiert, zum Teil nachträglich durch Dr. CH. BERNARD besorgt worden.

Als Fixierungsflüssigkeiten waren absoluter Alkohol und das Alkohol-Essigsäuregemisch nach CARNOY in Anwendung gekommen. Letztere Flüssigkeit hat sich als ungünstig erwiesen.

Sämtliche Objekte wurden über Alkohol-Xylol in Paraffin eingebettet und mit dem Mikrotom geschnitten. Die Schnittdicke richtete sich nach dem Alter und Inhalt der einzelnen Blüten. Für das Studium der Pollenentwicklung wurde 5—8 μ dick geschnitten. Fruchtknoten mit Samenanlagen wurden in 8—20 μ dicke, die alleräItesten Stadien sogar in bis 30 μ dicke Schnitte zerlegt.

Zur Färbung kam für die Stadien der Pollenentwicklung Eisenhämatoxylin nach HEIDENHAIN mit gutem Erfolg zur Anwendung. Wurde diese Färbung auch für Stadien der Entwicklung der Samenanlagen verwendet, so mußten meistens die zarten Membranen mit Bismarckbraun nachgefärbt werden. Sonst wurden diese zum größten Teil mit Safranin-Gentianaviolett gefärbt, wobei allerdings die Membranen der Integumente die Farbe nur sehr schwer annahmen. Für einfache Membranfärbungen leistete Hämatoxylin nach DELAFIELD immer gute Dienste.

Die Bestimmung der amerikanischen Arten hat in liebenswürdiger Weise Herr Prof. PULLE in *Utrecht* vorgenommen. Dabei hat sich ergeben, daß die untersuchte *Leiphaimos* eine neue bis heute noch unbeschriebene Art ist, deren genaue Diagnose von Prof. PULLE nach eingehender monographischer Bearbeitung gegeben werden wird.

Es ist mir eine angenehme Pflicht, an dieser Stelle allen denjenigen, die mir bei meiner Arbeit beigestanden haben, besonders aber Herrn Prof. Dr. A. ERNST für seine vielen Anregungen, Ratschläge und Hinweise auf einschlägige Literatur, vor allem auch für die Überlassung des seltenen Pflanzenmaterials meinen besten Dank auszusprechen.

II. Äußere und innere Morphologie der saprophytischen Gentianaceen.

1. Morphologie des Stengels.

Der anatomische Bau der vegetativen Organe ist schon für Vertreter aller hier zur Untersuchung kommenden Gattungen beschrieben worden. Ich kann mich deshalb in diesem Abschnitt kurz fassen und mich in der Hauptsache auf eine Zusammenstellung des schon Bekannten beschränken.

Da mir nur von einer der vier Arten genügend Wurzeln zur Verfügung standen, so habe ich von deren Beschreibung ganz abgesehen und mich auf die des Stengels beschränkt. Es sollen auch hier nicht alle Einzelheiten des ganzen Aufbaues wiederholt werden, sondern in erster Linie der Verlauf der Leitbündel in den Stengeln der vier Arten vergleichend dargestellt werden.

Bereits SOLEREDER (1908, S. 227) hat eine Übersicht über die verschiedenen Typen des Leitbündelverlaufes der saprophytischen Gentianaceen gegeben, die sich leicht in Form einer kleinen Tabelle wiedergeben läßt.

A. *Festigungsring im Stengel vorhanden.*

1. Festigungsring als *Holzring des Fibrovasalsystems.*

a) geschlossener Holzring, bikollaterale Leitbündel: *Voyria coerulea* AUBL. *Voyriella parviflora* MIQ., *Obolaria virginica* L., *Bartonia lanceolata* SMALL.

b) vier getrennte, einander sehr genäherte, bikollaterale Leitbündel: *Voyria rosea* AUBL.

2. *Festigungsring als pericyklischer Sklerenchymring.*

a) 6 konzentrische Leitbündel mit zentralem Xylem: *Leiphaimos aphylla* GILG, *L. trinitensis* GILG.

b) 6 Leitbündel mit nur markständigem Phloem: *Leiphaimos parasitica* CHAM. et SCHLECHT.

B. *Festigungsring im Stengel fehlt.*

a) ringförmig geschlossene bikollaterale Leitbündel: *Cotylanthera tenuis* BL.

b) 4 konzentrische Leitbündel mit zentralem Xylem: *Leiphaimos azurea* GILG, *L. tenella* MIQ., *L. flavescens* GILG.

Es gehören also die Arten der saprophytischen Gentianaceen ganz verschiedenen Typen des Leitbündelverlaufes an.

Die Gruppe A. 1a unterscheidet sich nicht von den chlorophyllführenden Arten der Familie. Zu ihr gehören auch die von mir untersuchten Arten *Voyria coerulea* AUBL. und *Voyriella parviflora* MIQ. Bei beiden verläuft der Leitbündelring tief im Innern der Rinde, bei *Voyria* etwa 15—20 Zellschichten, bei der kleineren, zarten *Voyriella* dagegen nur 6—7 Schichten innerhalb der Rinde, die aus großlumigen Zellen besteht. Der Holzteil ist bei beiden zu einem geschlossenen Ring von 5—7 Schichten vereinigt. Es lassen sich aber namentlich bei *Voyriella* an den Holzprimanen noch deutlich 6 ursprüngliche Hadromgruppen erkennen. Beidseitig vom Hadromring findet sich das Leptom in Form von mehreren kleinen Gruppen. Gegen die Rinde wird der Leitbündelring meist durch eine Endodermis abgeschlossen.

Voyria rosea weist nach den Angaben von GILG einen Typus auf, der von dem der *Voyria coerulea* stark verschieden sein soll. Es ist aber leicht möglich, die beiden Typen miteinander zu vereinigen. Macht man nämlich bei *V. coerulea* Schnitte durch den Stengel unterhalb der Stelle, wo die Leitbündel in die Blättchen abgehen, so erkennt man, wie sich der geschlossene Ring in vier Teile öffnet und das von Gilg für *V. rosea* beschriebene Bild entsteht. Es ist daher wohl möglich, daß beide Arten demselben Typus angehören und Gilg nur eine Querscheibe des Stengels untersucht hat, an der gerade der sonst geschlossene Ring geöffnet ist.

Der Bau der Leitbündel verschiedener *Leiphaimos*-Arten nach Typus A 2 gleicht in nichts mehr dem Haupttypus der Gentianaceen. Er findet sich dagegen wieder bei saprophytischen Arten aus den Familien der Burmanniaceen und Orchideen. Der Festigungsring ist aus dem Gefäßteil heraus in den Pericykel verlegt worden. Auf der Innenseite dieses Ringes liegen 6 kleine Leitbündel, die aber nicht mehr bikollateral gebaut sind, also ein typisches Familienmerkmal nicht mehr erkennen lassen. Bei der von mir untersuchten Art liegt der Festigungsring ebenfalls im Pericykel und wird aus 2—3 Schichten sklerenchymatisch verdickter Zellen gebildet. Das Hadrom, das nur aus wenigen Gefäßen besteht, legt sich unmittelbar an den Verdickungsring an. Die Leptomelemente befinden sich auf ihrer inneren, markständigen Seite. Solereder gibt für *L. parasitica* einen genau gleichen Bau an, während bei anderen Arten (A 2a) die Leitbündel hadrozentrisch gebaut sind.

Vollständiges Fehlen eines Festigungsringes charakterisiert den unter B beschriebenen Typus. Zu ihm gehört auch *Cotylanthera.* Man kann diesen Typus leicht von irgendeiner der chlorophyllführenden Arten ableiten. Die bikollateral gebauten Leitbündel verlaufen tief im Innern der Rinde und sind zu einem geschlossenen Ring vereinigt. Die Elemente des Hadroms sind nur spärlich vorhanden und immer nur eine Zellschicht breit. Weitere mechanische Elemente fehlen dem Stengel vollständig. Dagegen ist dieser Typus in dem Sinne weniger stark reduziert als der von A 2, als er noch das typische Merkmal der bikollateralen Leitbündel aufweist. Eine Ableitung der unter Bb aufgezeichneten Arten aus denjenigen von A 2a ist denkbar durch Reduktion und schließlich vollständiges Ausbleiben des Sklerenchymringes. Diesem Typus gehören alle die kleinen *Leiphaimos*-Arten an, deren Samenanlagen beidseitig zu langen Fortsätzen ausgezogen sind.

2. Bau der Blätter und Spaltöffnungen.

Die Blättchen der saprophytischen Gentianaceen sind wie bei allen Saprophyten in Größe und Bau sehr reduziert. Sie stehen bei allen Arten in mehreren gegenständigen Paaren am Stengel und liegen diesem eng an, außer bei *Voyriella,* wo sie noch abstehend sind.

Ein besonderes Assimilationsgewebe kommt nicht mehr zur Entwicklung. Die Epidermis unterscheidet sich kaum vom Mesophyll, das aus lauter gleichartigen, parenchymatischen Zellen besteht, die ein dichtes Gewebe bilden, das keine größeren Interzellularen enthält.

Die Blättchen von *Voyria* und *Voyriella* werden von 5—7 Leitbündeln durchzogen, die alle ungefähr parallel von der Blattbasis zur Spitze verlaufen, ohne sich zu verzweigen oder miteinander in Verbindung zu treten. Bei *Leiphaimos* und *Cotylanthera* ist das Leitungssystem der Blattspreiten auf ein einziges Leitbündel in der Mittellinie reduziert.

Johow (1885 und 1889) hat das *gänzliche Fehlen von Spaltöffnungen* an Stengel und Blütenblättern bei *allen Saprophyten* erwähnt. Alle Autoren, die nach Johow saprophytische Blütenpflanzen untersucht haben, konnten dagegen bei den meisten Arten mehr oder weniger reduzierte Spaltöffnungen nachweisen. Für die saprophytischen Gentianaceen sind sie zum ersten Male von Figdor (1897, S. 228—29) bei *Cotylanthera* und später von Svedelius (1902, S. 14) bei verschiedenen *Leiphaimos*-Arten,

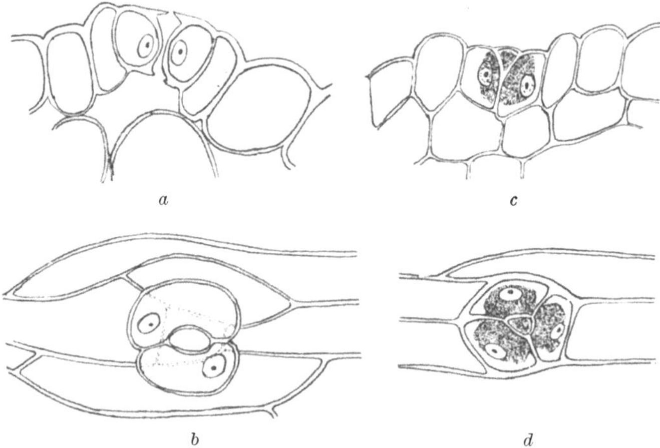

Abb. 1. *Voyriella parviflora*. Spaltöffnungen und Schleimbehälter. *a* Querschnitt, *b* Flächenansicht einer Spaltöffnung. Die Schließzellen zeigen die typischen Verdickungen. *c* Querschnitt und *d* Flächenansicht eines Schleimbehälters. Vergr. 480 : 1.

sowie bei *Voyria coerulea* an Stengel- und Kelchblättern, wenn auch nur in geringer Zahl, festgestellt worden.

Es ist mir gelungen, bei *Voyria* und *Cotylanthera* die Spaltöffnungen ebenfalls aufzufinden und auch für *Leiphaimos* und *Voyriella* solche zu konstatieren. Ihre Zahl ist gering. Es finden sich bei *Voyriella* auf einer Seite eines Blättchens höchstens 20—30. Außer bei *Cotylanthera* finden sie sich auf der ganzen Fläche des Blättchens verteilt; hier sind sie meistens an der Spitze in Gruppen von 2—5 beieinander, in der Nähe der Leitbündelendigungen.

Am wenigsten reduziert und in ihrem Bau an normal funktionierende erinnernd sind die Spaltöffnungen von *Voyriella* (Abb. 1*a* und *b*). Die beiden Schließzellen sind etwas über die Fläche der Epidermis erhaben und zeigen die typischen Verdickungen ihrer Wände. Bei den anderen Arten, wie z. B. *Leiphaimos* (Abb. 2*a* und *b*), sind die Schließzellen viel kleiner und ihre Wände gleichmäßig dick, so daß sie wohl kaum mehr normal funktionsfähig sind. Eine kleine Luftkammer unterhalb der Schließzellen findet sich aber noch bei allen erhalten.

Eine Umwandlung der typischen Stomata in eine Art Wasserspalten trifft man auf der Blatt*innen*seite, also der morphologischen *Ober*seite von *Voyria*, und zwar ist hier von der Spitze bis zur Basis die schrittweise Umwandlung der typischen Spaltöffnungen zu den Wasserspalten zu verfolgen. An diesen haben sich die Schließzellen stark vergrößert, so daß die ursprünglich kleine Spalte zu einer großen Öffnung geworden ist. Man ist vielleicht berechtigt, wie SVEDELIUS es tun möchte, alle diese reduzierten Spaltöffnungen als einen besonderen Typus von Wasserspalten zu betrachten.

Neben den Stomata kommen in der Epidermis der Blättchen von *Voyriella* wie *Leiphaimos* weitere auffallende Gebilde vor, die wohl als *Schleimbehälter* zu deuten sind (Abb. 1*c* und *d*). Jeder Behälter wird

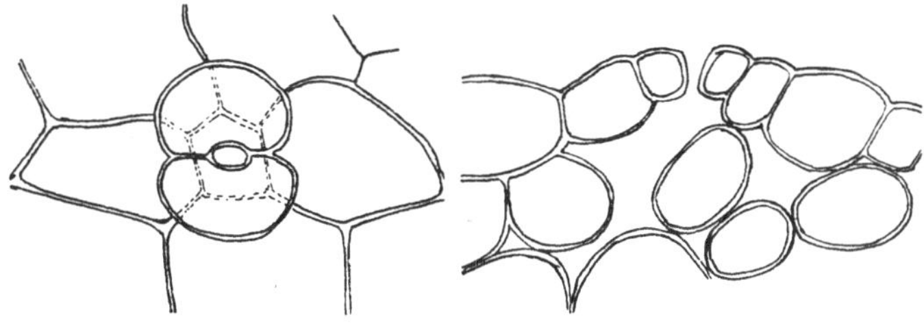

Abb. 2. *Leiphaimos spec.* Spaltöffnungen. *a* Flächenansicht, *b* Querschnitt einer Spaltöffnung Vergr. 336 : 1.

von 4—5 Zellen gebildet. 3—4 größere Epidermiszellen schließen eine kleinere zentrale Zelle ein, die nur etwa von der halben Höhe der übrigen Zellen des Schleimbehälters ist. Jede Zelle dieser Gruppen besitzt einen deutlichen Kern und eine gelbliche, schleimige Masse, die gegen die gemeinsame Wand hin dichter und geschichtet erscheint. Mit Kristallinsoda wird sie gelb und mit Methylenblau blau gefärbt, was ein Hinweis auf ihre Schleimnatur wäre. Der ganze Behälter ist in die Epidermis versenkt und schließt sich den darunterliegenden Zellen direkt an.

3. Bau der Blüten.

Form und Bau der Blüten der untersuchten vier Arten sind dermaßen verschieden, daß es vorteilhafter ist, sie getrennt voneinander zu besprechen.

a) *Voyria coerulea* AUBL.

Die Blüten von *Voyria* stehen zu wenigen an der Spitze des Stengels in einem traubigen Blütenstande. Jede einzelne Blüte ist am Grunde von mehreren Paaren gegenständiger Brakteolen umschlossen. Sie mißt zur Zeit der Anthese vom Grunde des Fruchtknotens bis zum Saume der Kronröhre 4—5 cm. Ihre unterste, den Fruchtknoten bergende Partie ist 0,5 cm breit. Nach oben verjüngt sie sich zu einer langen Kronröhre, die sich aber schon unterhalb des Schlundes in der die Antheren enthaltenden Zone wieder verbreitert und schließlich in den Kronsaum übergeht. Die fünf freien Kronzipfel sind zur Zeit der Anthese weit zurückgekrümmt. Nach der Blütezeit bleibt die welke Kronröhre erhalten und umschließt den sich entwickelnden Fruchtknoten fast bis zur Reife.

Die fünf *Kelchblätter* sind fast auf der ganzen Länge miteinander verwachsen, ihre freien Zipfel kurz und zugespitzt. In ihrem anatomischen Bau zeigen sie weitgehende Übereinstimmung mit den Stengelblättchen. Ein Kranz kleiner Schuppen an der Innenseite der Kelchblätter, wie er für verschiedene *Leiphaimos*-Arten typisch ist, fehlt *Voyria*.

Die *Kronröhre* ist unverhältnismäßig dicker als bei den anderen Arten, sie besteht nämlich aus etwa 10—12 Schichten von parenchymatischen Zellen, die ein dichtes Mesophyllgewebe bilden. In älteren Blüten sind die Wände der inneren Epidermis, sowie der darunter folgenden Schicht stark verdickt und verleihen der langen Kronröhre größere Festigkeit. 10 kleinere Leitbündel durchziehen die Wand der Kronröhre von der Basis bis zur Spitze.

Die fünf *Antheren* sind im obersten, etwas erweiterten Teile der Kronröhre angefügt. Sie sind an der Basis durch ein sehr kurzes Filament befestigt. Die entwickelten Antheren berühren sich gegenseitig und verkleben zu einer Röhre, die bis zur Öffnung der Pollensäcke erhalten bleibt. Die beiden Fächer einer Theke stehen nicht genau auf gleicher Höhe. Die inneren Fächer sind gegenüber den äußeren nach abwärts verschoben (Abb. 3*a*).

Der *Fruchtknoten* von *Voyria* ist sehr groß. Ausgewachsen erreicht er eine Länge von 2,5 cm. Sein basaler Durchmesser ist 0,5 cm. Nach oben verjüngt er sich allmählich und geht in einen langen Griffel über, der mit einer *Narbe* von trichterförmiger Gestalt abschließt (Abb. 3*a*). Auf der Oberfläche der Narbe ist jede Epidermiszelle zu einer langen Papille ausgezogen (Abb. 3*a*). Der *Griffel* ist im Querschnitt rundlich bis oval. Seine Epidermiszellen weisen in späteren Stadien sehr stark verdickte Wände auf. Öfters sind auch sie zu Papillen mit ebenfalls stark verdickten Wänden ausgezogen.

Die *Samenanlagen* sitzen an zwei wandständigen Plazenten, von denen jede wieder in zwei Lappen tief geteilt ist. Jeder Plazentateil ragt weit ins Innere des Fruchtknotens vor, so daß die Fruchtknotenhöhle von den Plazenten und den daran sitzenden Samenanlagen fast ganz ausgefüllt wird (Abb. 12*a* und *b*). Auf Querschnitten durch den oberen

Teil des Fruchtknotens trifft man etwa je 10, im unteren, breiteren Teil bis 24 Samenanlagen an jeder Plazentahälfte. In Längsschnitten stehen sie zu 60—80 in Reihen übereinander.

Den Verlauf des Leitgewebes für die Pollenschläuche im Griffel hat GUÉGUEN (1901, S. 87) für einige *Gentiana*-Arten beschrieben. Es besteht bei *Voyria* wie bei den anderen Arten aus einem Strang kollenchymatisch verdickter Zellen, durchzieht den ganzen Griffel und erstreckt sich bis zu unterst in den Fruchtknoten. In der Narbe führt dasselbe Gewebe als schmale Schicht ungefähr parallel zur Narbenoberfläche bis zu ihrem oberen Rande. Es sammelt sich am Grunde der Narbenzone zu einem einheitlichen Strange, der durch den Griffel hinab-

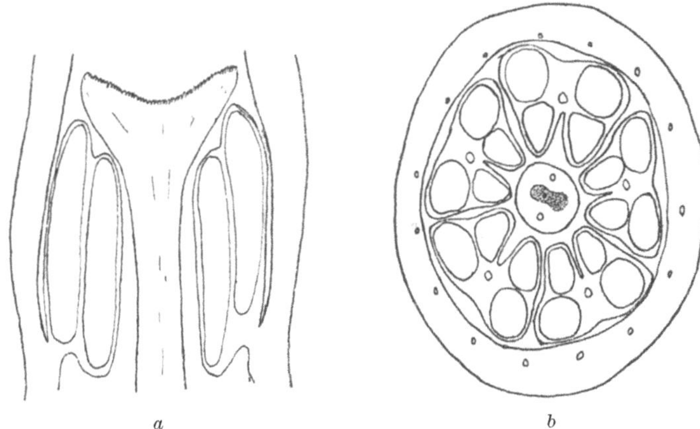

Abb. 3. *Voyria coerulea.* Längs- und Querschnitt durch den oberen Teil geschlossener Blüten. *a* Längsschnitt durch Kronröhre, Antheren, Griffel und Narbe. Vergr. 18 : 1. *b* Querschnitt durch Kronröhre, Antheren und Griffel. Vergr. 27 : 1.

führt. Beim Eintritt in den Fruchtknoten teilt er sich in zwei Teilstränge, von denen jeder in der Wandung des Fruchtknotens zwischen den beiden Plazenten, an der Stelle der tiefsten Gabelung nach unten führt.

In den Fruchtknoten treten 6 *Leitbündel* ein. Je zwei führen außerhalb der Plazenten bis gegen den Griffelansatz, die beiden übrigen verlaufen in einer dazu senkrecht stehenden Ebene nach oben und setzen sich durch den ganzen Griffel bis zur Narbe fort.

b) *Voyriella parviflora* MIQ.

Die Blüten von *Voyriella* stehen zu 5—10 in einem dichten, gedrängten Blütenstande an der Spitze des kleinen, nur 4—6 cm hohen Stengels. Jede Blüte steht in der Achsel eines Tragblattes. Im Gegensatz zu *Voyria* sind die Blüten von *Voyriella* sehr klein, sie sind zur Zeit der Anthese 5—7 mm lang.

Die Zahl der *Kelchblätter* beträgt fünf. Sie sind vom Grunde aus völlig getrennt, 4—5 mm lang und gleichmäßig zugespitzt. Sie sind schon vollständig entwickelt, wenn die übrigen Teile der Blüte noch als kleine Knospe von ihnen eingeschlossen werden. Bald nach der Anthese fällt die Blütenkrone ab und der sich entwickelnde Fruchtknoten wird von den steifen Kelchblättern eingeschlossen. Die Steifheit der Kelchblätter kommt dadurch zustande, daß die innere Epidermis nebst der darunterfolgenden Schicht aus Zellen mit stark verdickten Wänden bestehen. Sie sind an beiden Enden zugespitzt, im Querschnitt rund und weisen zahlreiche, schräg verlaufende Tüpfel auf, ihr Lumen enthält stets Zytoplasma und Kern. Diese Schicht bereitet beim Schneiden nicht geringe Schwierigkeiten und Unannehmlichkeiten, da die stark verdickten Zellen, die dem Messer größeren Widerstand leisten, leicht mitgerissen werden und die inneren Teile der Blüte verletzen. Ein einziges unverzweigtes Leitbündel durchzieht jedes Kelchblatt median von unten bis zur Spitze.

Die Form der *Krone* ist glockig, sie ragt zur Blütezeit nur wenig über die langen Kelchblätter hervor. Die freien Kronzipfel sind dann stark zurückgekrümmt. Die Zahl der Kronblätter beträgt normalerweise fünf. Unter den 120 zur Untersuchung gelangten Blüten kamen einmal 4 und einmal 6 Kronblätter vor; Hand in Hand damit betrug die Zahl der Antheren ebenfalls 4 und 6. Am Grunde besteht die Kronröhrenwand nur aus zwei Zellschichten, den beiden Epidermen, die aus großen isodiametrischen Zellen bestehen; weiter oben tritt ein Mesophyll auf, in dem große Interzellularen nur durch dünne Gewebelamellen voneinander getrennt werden. Im Gebiete der freien Kronzipfel sind die Epidermiszellen zu Papillen ausgezogen, das Mesophyll ist etwas dichter. Die Kronröhre wird von 10 kleinen Leitbündeln durchzogen, von denen jedes einzelne keinen größeren Umfang besitzt als eine einzige Zelle des Mesophylls.

Am Grunde der Kelchblätter zwischen Kelch und Krone treten Diskusschuppen auf, wie sie schon für einige *Leiphaimos*-Arten beschrieben worden sind. Sie stehen an den Rändern der Kelchblätter in Gruppen von 2—3. Jede Schuppe besteht aus zahlreichen, dicht mit Plasma erfüllten Zellen.

Die Zahl der *Antheren* beträgt normalerweise 5. Abweichungen von dieser Grundzahl gehen denjenigen der Kronblätter parallel. Sie stehen alternierend mit den Kronblättern und sind durch ein sehr kurzes Filament etwas oberhalb der Mitte der Kronröhre angeheftet. Die Epidermiszellen des Filamentes sind zu langen Papillen ausgezogen. An der Spitze der Antheren ist das Konnektiv bedeutend über die Pollenfächer hinaus verlängert. Die verlängerten Enden aller Staubblätter neigen gewöhnlich zusammen und überdecken die Narbe (Abb. 4*a*). Wie bei *Voyria* so verkleben auch hier die Antheren mit ihren radialen Wänden zu einer Röhre.

Das *Gynäzeum* besteht aus einem einfächerigen Fruchtknoten, einem kurzen Griffel und einer zweilappigen Narbe mit wenigen, sehr langen Papillen (Abb. 4*a*). Die Samenanlagen sitzen an zwei Plazenten, die von GILG (1895, S. 102) als wenig hervorspringend, wandständig bezeichnet worden sind. Abweichungen von der normalen Zweizahl der

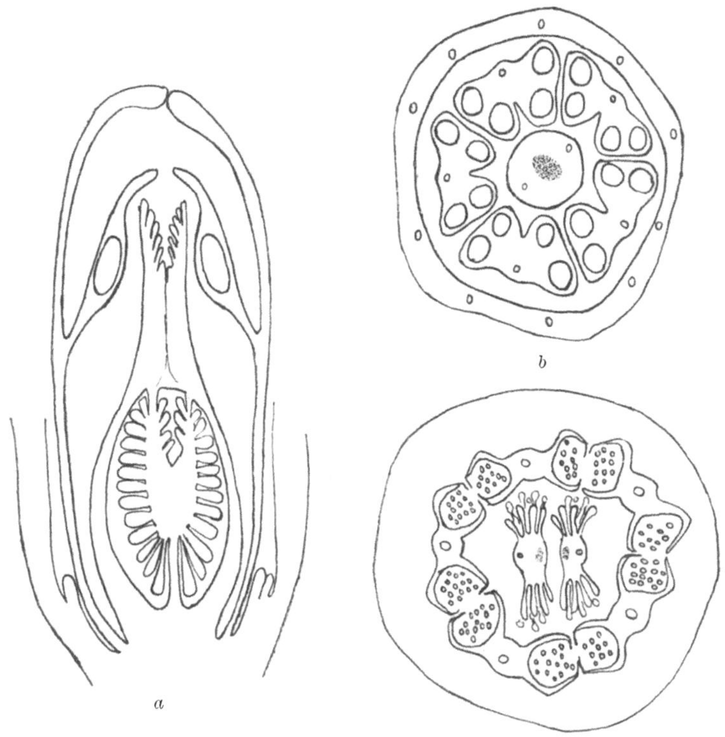

Abb. 4. *Voyriella parviflora*. *a* Längsschnitt durch eine geschlossene Blüte. Vergr. 36 : 1. *b* Querschnitt durch den oberen Teil einer geschlossenen Blüte mit Kronröhre, Antheren und Griffel. Vergr. 40 : 1. *c* Querschnitt durch den oberen Teil einer geöffneten Blüte mit den geöffneten Antheren und der Narbe, deren lange Papillen bis zu den Pollenfächern reichen. Vergr. 40 : 1.

Fruchtblätter kommen ziemlich häufig vor. So fanden sich unter den 120 untersuchten Blüten vier, bei denen das Gynäzeum aus *drei* Fruchtblättern gebildet war. In diesen Fruchtknoten waren auch *je drei* Plazenten entwickelt und Griffel und Narbe waren dreiteilig. Ein einziges Mal traf ich einen Fruchtknoten mit nur *einer* entwickelten Plazenta.

Form und Ausbildung der *Plazenten* bleiben aber, wie ich feststellte, nicht über die ganze Länge des Fruchtknotens gleich. Zu oberst sind sie wandständig, nur wenig hervortretend, in der Mitte tief eingeschnitten (Abb. 5*a*). Weiter nach unten rücken die beiden Teile allmählich zusammen, etwa von der Mitte des Fruchtknotens an ist die Gabelung der Plazenten verschwunden und diese sind einheitlich und breit. Dabei sind sie aber auch allmählich von der Fruchtknotenwandung weggerückt und stehen auf einer kurzen Scheidewand (Abb. 5*b*). Diese vergrößert sich nun immer mehr und schiebt die Plazentenhälften vor sich her auf die Seite. Im unteren Drittel des Fruchtknotens berühren sich die Scheidewände beider Plazenten, der Fruchtknoten ist hier zweifächerig (Abb. 5*c*). Im obersten Drittel des Fruchtknotens stehen die Samenanlagen schräg nach oben. Im mittleren Teile liegen sie wagrecht. Im untersten Drittel des Fruchtknotens neigen sie immer mehr nach abwärts, bis die letzten schließlich direkt senkrecht abwärts hängen. An einer Plazenta trifft man im Querschnitt 15—18 Samenanlagen. Sie stehen zu 12—15 in Reihen übereinander.

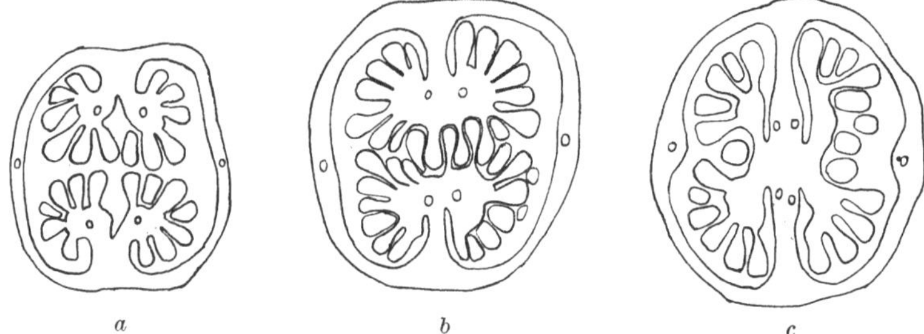

Abb. 5. *Voyriella parviflora.* Querschnitte durch den Fruchtknoten. *a* Querschnitt durch den oberen, *b* den mittleren und *c* den untersten Teil des Fruchtknotens. Vergr. 34 : 1.

Der *Griffel* ist etwa so lang wie der Fruchtknoten und ziemlich breit. Die *Narbe* hat eine eigentümliche zweilappige Gestalt. Auf Querschnitten läßt sich ein mittlerer, zentraler Zellkörper von ovaler Gestalt erkennen, der von den Leitbündeln und dem Leitgewebe für Pollenschläuche durchzogen ist. Nur auf den beiden schmalen Seiten entspringen eine Reihe langer Papillen, die bald horizontal, bald schräg nach aufwärts gerichtet sind. Jede einzelne Papille ist ebenso lang wie der mittlere Teil der Narbe (Abb. 4*c*).

Das Leitgewebe für Pollenschläuche besteht, wie bei den übrigen Gentianaceen, aus einem einfachen Strang kollenchymatisch verdickter Zellen. Jeder Narbenast ist von einem kleinen Teilstrang durchzogen; die Teilstränge vereinigen sich im Griffel zu einem einheitlichen ovalen Hauptstrang, der, die Mitte des Griffels einnehmend, nach unten verläuft. An der Spitze des Fruchtknotens teilt er sich wieder in zwei Stränge, die in der Gabelung der Plazenten abwärts führen. Weiter unten, wo die Gabelung sich allmählich schließt, nimmt das kollenchymatische Gewebe ab, es wird nach der Epidermis zu gedrängt und ist völlig verschwunden, wenn die Plazenta einheitlich geworden ist.

In den Fruchtknoten treten unten zwei große *Leitbündel* ein. Jedes davon teilt sich noch einmal unterhalb der Samenanlagen. Von den vier Bündeln verlaufen zwei in einer senkrecht zur Scheidewand des Fruchtknotens verlaufenden Ebene durch den ganzen Fruchtknoten und Griffel nach oben und reichen bis in die Narbenlappen. Die beiden anderen, die in die Scheidewand eintreten, teilen sich nochmals und führen in die Plazenten. Im obersten Teile des Fruchtknotens, wo sich die Plazenten gabeln, tritt in jede Plazentahälfte auch ein Teilbündel.

c) *Leiphaimos spec.*

Der Stengel trägt an seinem oberen Ende eine größere Anzahl Blüten. Sie stehen meist kreuzweise gegenständig in den Achseln von Blattpaaren. Gegen oben wird der Blütenstand gedrängter, weiter unten ist oft von den beiden Blüten eines Paares nur die eine entwickelt.

Die einzelne *Blüte* ist sehr groß, offene Blüten haben eine Länge von 4—5 cm, so daß sie leicht mit solchen von *Voyria* verwechselt werden könnten.

Auch in der Gestalt der Blüten stimmt *Leiphaimos spec.* weitgehend mit *Voyria* überein. Der den Fruchtknoten enthaltende Teil der Blüte ist etwas verdickt, doch nie so stark wie bei *Voyria.* Die Kronröhre ist eng, 2—3 cm lang, in ihrem obersten Teile, unterhalb des Kronschlundes, etwas erweitert. Die freien Kronzipfel sind zur Zeit der Anthese stark zurückgekrümmt.

Die 5 *Kelchblätter* sind bis auf ihre Spitzen miteinander verwachsen, sie sind kurz und reichen nur bis in zwei Drittel Höhe des Fruchtknotens. In älteren Stadien ist der verwachsene Kelch häufig an einer Stelle aufgeschlitzt. Er ist offenbar vom Fruchtknoten gesprengt worden und vermag diesen nicht mehr völlig zu umfassen. Im Bau der Kelchblätter und im Verlauf seiner Leitbündel stimmt *Leiphaimos spec.* mit den anderen untersuchten Arten überein. Auf der Innenseite des Kelchgrundes findet sich ein ganzer Kranz von Schuppen, während bei *Voyriella* nur fünf voneinander getrennte Gruppen vorhanden sind.

Die *Krone* hat einen ähnlichen Bau wie bei *Voyria.* Die Wand der Kronröhre besteht ebenfalls aus 10—12 Schichten parenchymatischer Zellen, die ein dichtes Gewebe ohne größere Interzellularräume bilden. In älteren Blüten verdickt sich die Innenwand der inneren Epidermis, ebenso werden die 10 Leitbündel von einem Kranze stark verdickter Zellen umgeben.

Die 5 *Antheren* sitzen wie bei *Voyria* an kurzen Filamenten im oberen, etwas erweiterten Teile der Kronröhre. Unterhalb der Ansatzstellen ihrer Filamente verlängern sich die beiden Theken noch ein Stück weit nach unten. Die Pollenfächer sind im Verhältnis zur gesamten Querschnittsfläche der Antheren klein (Abb. 6*a*). Auch hier schließen sich die Antheren zu einer Röhre zusammen, die unterhalb der Narbe liegt.

Der *Fruchtknoten* ist ziemlich groß, immerhin bedeutend kleiner und namentlich kürzer als bei *Voyria.* In reifem Zustande wird er mehr als 1 cm lang und an der Basis bis 5 mm breit. Die Samenanlagen sitzen an zwei tief geteilten, wandständigen Plazenten. Jede Plazentahälfte ist breit, rundlich, in älteren Blüten öfters auch etwas gestreckt (Abb. 6*b*). Die Zahl der Samenanlagen ist eine sehr große. Jeder Plazentateil trägt im Querschnitt 15—20 *Samenanlagen*, die im Fruchtknoten zu 60—70 in Reihen übereinander stehen. Sie liegen größtenteils horizontal im Fruchtknoten, die allerobersten sind aufwärts, die untersten abwärts gerichtet.

Der *Griffel* ist sehr lang, dünn und endet oben in einer breiten, großen *Narbe.* Diese ist weit ausgebreitet, überdeckt die Antheren und

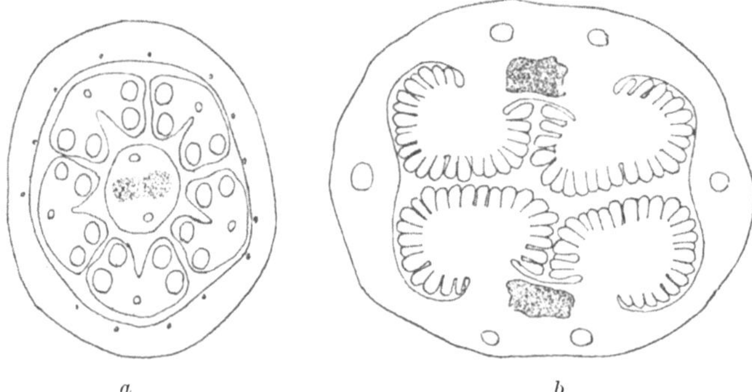

Abb. 6. *Leiphaimos spec.* Querschnitte durch junge Blüten. *a* Querschnitt durch Kronröhre, Antheren und Griffel. Vergr. 16:1. *b* Querschnitt durch den jungen Fruchtknoten. Vergr. 36:1. Das leitende Gewebe im Griffel und Fruchtknoten ist in beiden Abbildungen punktiert.

reicht bis an die Wandung der Kronröhre. Zur Blütezeit sind ihre Ränder etwas nach unten umgebogen. Die ganze Oberfläche ist mit langen Papillen besetzt.

Das Leitgewebe für Pollenschläuche ist ähnlich wie bei *Voyria* gebaut. Es besteht aus einem Gewebe kollenchymatisch verdickter Zellen, das vom Narbenrande an unter der Epidermis in den Griffel und durch diesen bis zu unterst in den Fruchtknoten reicht. Hier verlaufen die beiden Teilstränge, in die sich der einheitliche Strang des Griffels geteilt hat, wie bei *Voyria* an der tiefsten Stelle der Plazentagabelung. Doch liegen sie stets tiefer im Gewebe der Fruchtknotenwand und nicht unmittelbar an die Epidermis anschließend wie bei *Voyria* (Abb. 6*b*).

In den Fruchtknoten treten 4 *Leitbündel* ein, je 2 davon teilen sich nochmals und führen in der Wandung außerhalb der Plazentahälften bis zum oberen Ende des Fruchtknotens. Die beiden übrigen alternieren damit und setzen sich durch den Griffel bis zur Narbe fort.

d) *Cotylanthera tenuis* Bl.

Die kleinen Blüten von *Cotylanthera* stehen meistens einzeln an den Spitzen der Stengel. Figdor (1897, S. 220) hat sie äußerlich eingehend untersucht und die einzelnen Teile genau gemessen. Auf die anatomischen Verhältnisse ist er aber nicht eingegangen, so daß ich diese hier ähnlich wie für die anderen Arten kurz beschreiben will.

Die 4 *Kelchblätter*, die bis zum Grunde der freien Kronzipfel reichen, sind bis auf die kurzen Spitzen miteinander verwachsen. Jedes Blättchen ist fast rechtwinklig um seine Mittelrippe gebogen, so daß die Blütenbasis im Querschnitt fast quadratisch erscheint. In ihrem Bau stimmen sie mit denen der anderen untersuchten Arten überein. *Schuppen* an der Innenseite der Kelchblätter kommen ebenfalls vor, und zwar stehen sie zu 3—4 vor der Mitte der Kelchblätter.

Die *Kronblätter* sind nur in der unteren Hälfte miteinander verwachsen. Die freien Kronzipfel, die 4—6 mm lang sind, stehen zur Zeit der Anthese etwas auseinander, so daß die Antheren nebst dem oberen Teile des Griffels und der Narbe aus der Kronröhre herausragen.

Die Wand der Kronröhre wird von einem lockeren Gewebe gebildet, das reich an großen Interzellularen ist. Sie wird von 8 Leitbündeln durchzogen. In den Kronzipfeln ist das Gewebe dichter, größere Interzellularen fehlen, jeder Zipfel enthält nur ein Leitbündel.

Der Bau des Androezeums ist schon von Figdor (1897, S. 231—233) beschrieben worden. Die 4 *Antheren* sitzen an langen Filamenten, die in derselben Querzone an der Kronröhre ansetzen, wo der Fruchtknoten in den Griffel übergeht (Abb. 7*a*). Sie sind am Grunde etwas ausgebuchtet und öffnen sich an der Spitze mit einem Porus. Die Antheren sind in radialer Richtung etwas abgeplattet, tangential etwas gestreckt (Abb. 7*b*). Die einzelnen Pollenfächer treten an der Oberfläche nur wenig hervor, die beiden Pollenfächer einer Theke liegen nicht genau radial hintereinander, wie das bei zahlreichen Angiospermen der Fall ist, sondern stehen fast stets auf gleicher Höhe und nur wenig schräg hintereinander (Abb. 7*b*).

Das *Gynäzeum* besteht aus einer kopfigen Narbe, einem massigen Griffel und einem Fruchtknoten, der durch eine Scheidewand vollkommen zweifächerig ist. Die beiden Plazenten entspringen an der Scheidewand und füllen die Fruchtknotenhöhle fast ganz aus. An jeder Plazenta stehen auf einem Querschnitt 50—60 Samenanlagen dicht gedrängt nebeneinander (Abb. 7*c*). Auf einem Längsschnitt erkennt man, daß die Samenanlagen zu 25—30 in Reihen übereinander stehen (Abb. 7*a*). Die Fruchtknotenwand besteht nur aus einem wenigzelligen, lockeren Gewebe, in dem zwei Leitbündel in einer Ebene senkrecht zur Scheidewand nach oben laufen und sich durch den ganzen Griffel bis zur Narbe fortsetzen. Je zwei weitere Leitbündel finden sich in jeder Plazenta.

Die *Narbe* ist kopfig und dicht mit kleinen Papillen besetzt. Sie steht immer deutlich höher als die Spitze der Antheren (Abb. 7*a*). Der im Querschnitt fast quadratische Griffel wird von einem einheitlichen Strang kollenchymatisch verdickter Zellen durchzogen, der sich bis in den Fruchtknoten, in den oberen Teil der Plazenten erstreckt. Im untersten Teil der Plazenten verschwindet das leitende Gewebe ganz.

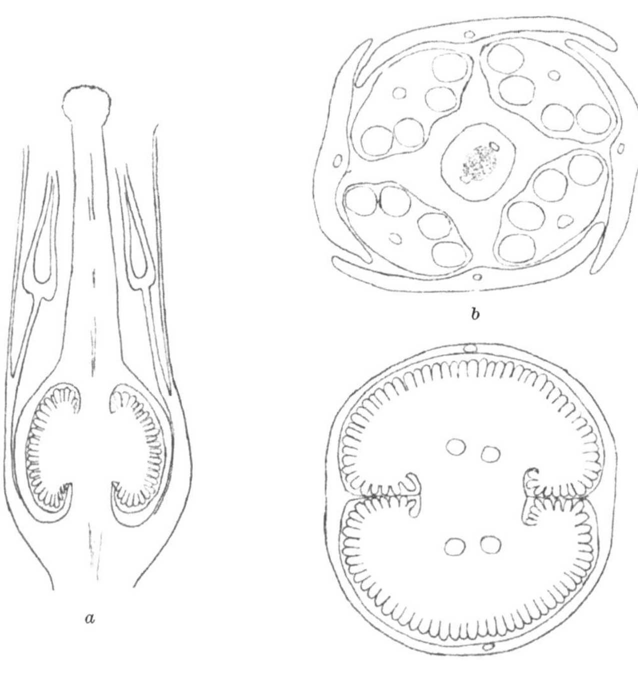

Abb. 7. *Cotylanthera tenuis*. Längs- und Querschnitte durch Blüten. *a* Längsschnitt durch eine ältere Blüte. Vergr. 10:1. *b* Querschnitt durch die freien Kronzipfel, Antheren und Griffel. Vergr. 28:1. *c* Querschnitt durch einen jungen Fruchtknoten mit Samenanlagen. Vergr. 36:1. Im Griffel ist das leitende Gewebe punktiert.

III. Entwicklung der Antheren und des Pollens.

Über den Bau und die Entwicklung der *Antheren* und des *Pollens* bei Gentianaceen ist erst in allerjüngster Zeit von Guérin (1924, S. 1620 bis 1622 und 1925, S. 852—854) in zwei kleineren Arbeiten berichtet worden. Von allen Autoren, die früher über Gentianaceen arbeiteten, war dieses Kapitel gar nicht oder nur kurz behandelt worden. Guérin hat Vertreter verschiedener Gattungen auf die Entwicklung des Pollens untersucht, saprophytische Gattungen standen ihm aber wahrscheinlich keine zur Verfügung, da er die Untersuchung nicht auf sie ausgedehnt hat. Es war daher lohnend, saprophytische Arten nach den gleichen Gesichtspunkten, wie es Guérin getan hat, zu untersuchen.

Schon für verschiedene saprophytische Blütenpflanzen ist nachgewiesen worden, daß sie im Bau des Fruchtknotens und der Samenanlagen Vereinfachungen oder Rückbildungen gegenüber den grünen Vertretern des gleichen Verwandtschaftskreises zeigen. Es wäre also gut möglich, daß auch in der Ausbildung des Androezeums Reduktionen vorkommen könnten. Die allgemeine Reduktion, die sich bei Saprophyten geltend macht, könnte auch auf die Ausbildung der Antheren und des Pollens sich erstreckt haben. Ganz besonders eingehend wurde daher der Verlauf der Reduktionsteilung in den Pollenmutterzellen, sodann die Ausbildung der Pollenkörner untersucht.

Finden während der Pollenbildung keine Unregelmäßigkeiten statt, verläuft die Entwicklung auf dem bekannten Wege, so ist auch zu erwarten, daß der ausgebildete Pollen normal und befruchtungsfähig ist. Treten aber im Verlauf der Entwicklung starke Unregelmäßigkeiten auf, unterbleibt z. B. die Reduktionsteilung oder ist sie unvollständig, so wird auch gar nicht zu erwarten sein, daß der ausgebildete Pollen normal und befruchtungsfähig sein wird. Solche Pollenkörner pflegen dann in der Regel schon vor dem Öffnen der Antheren zugrunde zu gehen oder doch stark zu schrumpfen. Findet trotzdem Entwicklung der Eizelle und Samenbildung statt, so wird diese auf apomiktischem Wege erfolgen müssen.

a) *Voyria coerulea.*

In einem ganz jungen Knöspchen waren die Antheren erst als ovale Gewebehöcker auf der Innenseite der Kronröhre sichtbar. Eine Differenzierung in die verschiedenen Gewebe war noch nicht eingetreten. Die nächst ältere Knospe zeigte schon Antheren mit vollständig entwickelten Wandungen und Pollenmutterzellen im Stadium der ersten Teilung. Es ist mir deshalb nicht möglich gewesen, bei *Voyria* den Verlauf der Archesporentwicklung, sowie die Reihenfolge bei der Bildung der verschiedenen Wandschichten festzustellen. Anläßlich der Besprechung der Ausbildung der Wandschichten bei den untersuchten anderen Arten, namentlich bei *Leiphaimos,* soll darauf zurückgekommen werden. Der Entwicklungsgang der Pollensackwand ist deswegen besonders zu berücksichtigen, weil Guérin gerade ihn in seinen Arbeiten genau untersucht hat.

In dem eben erwähnten Stadium sind die drei äußeren Wandschichten einander noch völlig gleich. Ihre Zellen sind länglich, in tangentialer Richtung gestreckt, ihre Kerne oval, in der Längsrichtung der Zellen gestreckt. Die innerste der Schichten, *das Tapetum,* unterscheidet sich dagegen schon auf diesem Stadium sehr stark von den äußeren Wandschichten. Seine Zellen sind sehr groß, im Durchmesser eben so breit wie die drei übrigen zusammen. Jede Zelle ist im Querschnitt ungefähr quadratisch, hier und da ist eine in radialer Richtung stärker gestreckt. An einzelnen Stellen, namentlich an der dem Konnektiv anliegenden Seite des Pollenfaches ist das Tapetum zweischichtig. Die Zellen sind dicht von einem vakuolenhaltigen Plasma erfüllt, das sich intensiv färbt. Die Kerne sind stets nur in der Einzahl vorhanden. Die größte Ausdehnung erreicht das Tapetum zur Zeit der Tetradenbildung. Seine Zellen sind nun stark in radialer Richtung gestreckt und reichen oft weit ins Innere des Pollenfaches hinein. Namentlich groß und lang sind die Zellen an der schon vorhin genannten inneren Wandseite, wo eine starke Wucherung von langen papillenförmigen Zellen bis tief ins Innere zwischen die Pollentetraden hinein reicht (Abb. 8*a* und *b*).

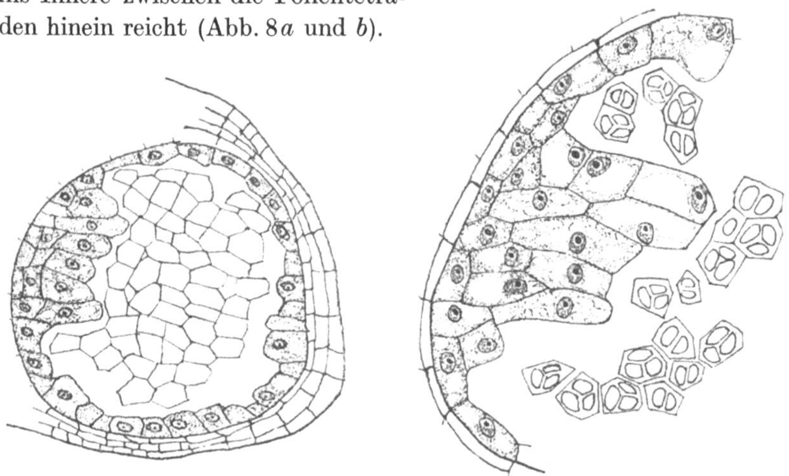

Abb. 8. *Voyria coerulea.* Ausbildung des Tapetums im Pollenfach. *a* Querschnitt durch ein Pollenfach mit dem entwickelten Tapetum und den Pollentetraden im Innern. Vergr. 170:1. *b* Stelle der stärksten Ausbildung des Tapetums an der dem Konnektiv zugekehrten Seite des Pollenfaches. Vergr. 312:1.

Die Entwicklung des Archespors konnte nicht verfolgt werden. In der jungen Knospe waren die Pollenmutterzellen schon in den Stadien vor und während der ersten Teilung. In jedem Pollenfache sind alle Zellen von oben bis unten stets genau im gleichen Stadium der Entwicklung, in den beiden Pollenfächern einer Theke aber meist voneinander etwas verschieden; der Inhalt der äußeren Säcke ist durchweg etwas fortgeschrittener als derjenige der Inneren.

Das Ruhestadium des Mutterkernes, sowie alle Stadien vor der Synapsis und diese selber konnten nicht aufgefunden werden. Dagegen waren die Stadien der Geminibildung häufig anzutreffen. An der Peripherie der großen Kerne treten etwa 20 dicke Chromatinklumpen von ovaler Gestalt auf. Leider ließ sich nicht einwandfrei feststellen, ob jedes derselben ein Doppelchromosom ist, oder ob je zwei ein Geminipaar darstellen. Längsspaltungen innerhalb dieser Chromosomen waren leider nicht wahrzunehmen, auch liegen nicht immer zwei Chromosomen derart parallel nahe beieinander, daß sie mit Sicherheit als zueinander gehörende homologe Chromosomen betrachtet werden könnten (Taf. I, Abb. 1).

Die Einordnung der Chromosomen in die Äquatorialplatte, wo sich ihre Zahl besser hätte feststellen lassen, konnte nicht aufgefunden werden. Dagegen fanden sich Anaphasen der ersten Teilung, wo die Chromosomen schon an den beiden Polen angelangt waren, wieder zahlreich vor. An jedem Pol liegen etwa 18—20 kleinere Chromosomen von rundlicher Gestalt, die meist noch deutlich voneinander getrennt sind (Taf. I, Abb. 3). Ob es sich hier um ganze Chromosomen handelt, oder ob jedes Chromosom in seine zwei Tochterhälften gespalten ist, kann wieder nicht mit Sicherheit festgestellt werden.

Weitere Stadien der Interkinese und namentlich die ganzen Vorgänge der homoeotypischen Teilung waren nicht zu finden. So ist es nicht möglich gewesen, die Zahl der Chromosomen einwandfrei festzustellen. Sie beträgt sehr wahrscheinlich 18—20 haploid.

In zahlreichen Pollenmutterzellen kommen im Verlauf der Reduktionsteilung, namentlich während des Auseinanderweichens der Chromosomen im ersten Teilungsschritt Unregelmäßigkeiten vor. Es wandern nicht alle Chromosomen gleichzeitig zu den Polen. Einige wenige eilen voraus und sind schon an den Polen angelangt, während die größere Zahl der Chromosomen noch in der Äquatorialplatte liegt, oder vereinzelte Chromosomen sind noch stark zurück, wenn die meisten schon an den Polen liegen (Taf. I, Abb. 2). In solchen Teilungsbildern sind die einzelnen Chromosomen auch viel klumpiger und breiter als normal. Meist zeigen alle Kernteilungen eines Pollenfaches dasselbe anomale Verhalten, während in daneben liegenden Fächern die Entwicklung völlig normal vor sich geht. Wie weit sich solche Pollenmutterzellen mit gestörtem Teilungsverlauf weiter entwickeln, konnte nicht verfolgt werden. Sicher ist nur, daß nie sämtliche Pollenmutterzellen eines Faches die Pollenbildung vollständig zu Ende führen. Ziemlich häufig, fast auf jedem Querschnitt durch ein Pollenfach, trifft man 1—2 degenerierte Pollenmutterzellen mit sistiertem Teilungsgang. Sie haben ihre ursprüngliche Größe beibehalten, sind noch völlig mit dichtem Plasma erfüllt, besitzen aber einen kleinen, vollständig degenerierten Kern.

In den jungen Pollenmutterzellen erfüllt das Plasma den ganzen Zellraum. Bald aber kontrahiert es sich und nimmt ovale Form an. Der Raum zwischen der Plasmahaut und der ursprünglichen Membran der Zelle, die in allen Zeichnungen ebenfalls eingetragen ist, ist nicht etwa ein durch die Fixierung hervorgerufener Kontraktionsraum. Vielmehr kann man wahrnehmen, daß sich die Wandung der Pollenmutterzelle nach innen stark verdickt hat. Eine gallertig aussehende Substanz erfüllt den ganzen Raum zwischen Plasmahaut und ursprünglicher Membran der Pollenmutterzelle. Sie ist sehr stark lichtbrechend und färbt sich außer mit Gentianaviolett nicht mit den üblichen Farbstoffen. Durch Anilinblau in wässeriger Lösung wird sie intensiv blau gefärbt. Es soll diese Färbung nach STRASBURGER (1913, S. 588) auf *Kallose* deuten, aus der im allgemeinen die verdickten Wände der Pollenmutterzellen bestehen sollen. Am deutlichsten tritt diese Kalloseschicht in den fertigen Pollentetraden hervor (Taf. I, Abb. 4).

Während der ganzen Reduktionsteilung bis zum Stadium der Pollentetraden verbleiben die Pollenmutterzellen in festem Verbande miteinander. Ihre ursprünglichen Membranen erhalten sich bis nach vollendeter Tetradenteilung unversehrt. Auch die fertigen Tetraden liegen vorerst noch in der dicken Kalloseschicht eingebettet und sind noch in festem Zellverbande (Abb. 8*a* und *b*). Erst später lösen sich die ursprünglichen Membranen der Pollenmutterzellen und schließlich auch die Kalloseschichten auf. Das abgebaute Material wird wohl zur Ernährung der jungen Pollenkörner verwendet.

Die einkernigen Pollenkörner liegen völlig frei im Innern des Pollenfaches. Sie scheinen aber nicht über längere Zeit in diesem Stadium zu verweilen. Die *progame Teilung* vollzieht sich bald nach der Bildung der Pollenkörner. Es konnten wenigstens nur sehr wenige Antheren gefunden werden, in denen einkernige Pollenkörner vorhanden waren, während solche mit zweikernigen in der großen Mehrzahl waren. Der Kern der einkernigen Pollenkörner befindet sich offenbar nie in einem vollkommenen Ruhestadium. Schon früh treten in ihm viele kleine Chromatinkörnchen auf, die regellos verteilt an der Peripherie gelagert sind. Der Nukleolus ist auf diesem Stadium erhalten und deutlich sichtbar (Taf. I, Abb. 5). Die progame Teilung selber konnte nicht aufgefunden werden. Die nächst älteren Stadien zeigten schon typisch zweizellige Pollenkörner. Die generative Zelle hatte sich bereits ins Innere des Pollenkornes verlagert. Eine Differenzierung von Kern und Plasma der generativen Zelle ließ sich auf diesem Stadium nicht mehr nachweisen. Zudem sind die Pollenkörner frühzeitig mit Stärke erfüllt, so daß ihr übriger Inhalt nur schwer sichtbar ist. Generativer und vegetativer Kern lassen sich ebenfalls nur schwer voneinander unterscheiden. Das Plasma des Pollenkornes, das in jüngeren Stadien noch gleichmäßig das ganze Korn dicht erfüllt, weist jetzt zudem viele kleine Vakuolen auf (Taf. I, Abb. 6).

Bald nach dem Einwandern des generativen Kernes in die vegetative Restzelle erfolgt seine Teilung in die beiden Spermakerne. Diese Teilung vollzieht sich also schon im Innern des Pollenkornes, wie dies schon von verschiedenen Pflanzen, namentlich auch Saprophyten bekannt geworden ist. Ich erinnere z. B. an die Befunde bei *Burmannia disticha* (SCHOCH 1920, S. 53—56), bei *Sciaphila* (WIRZ 1910, S. 31), wo die Teilung des generativen Kernes in die Spermakerne ebenfalls im Innern des Pollenkornes erfolgt.

Die beiden *Spermakerne* sind von kugeliger Gestalt. Anfangs liegen sie nahe beieinander, später weichen sie auseinander und liegen verschieden im Pollenkorn verteilt (Taf. I, Abb. 7). Eine Differenzierung ihres Inhaltes war nicht möglich, sie erscheinen vollständig homogen. Ob die Keimung der Pollenkörner von *Voyria coerulea* schon im Innern der Antheren erfolgt, konnte nicht festgestellt werden.

GILG (1895, S. 62) hat in seiner Monographie der Gentianaceen die Einteilung der Familie hauptsächlich auf Grund der Unterschiede in Form und Beschaffenheit des Pollens, sowie nach der Zahl und Ausbildung seiner Keimporen vorgenommen. Auf diese Weise sollen sich die saprophytischen Gattungen der Familie von allen übrigen autotrophen abtrennen lassen, da bei ihnen die Membran des Pollenkornes einheitlich erscheine, sich eine Differenzierung in Exine und Intine nicht erkennen lasse.

Es ist mir jedoch gelungen, bei allen 4 untersuchten saprophytischen Arten *Exine* und *Intine* als zwei sich voneinander deutlich abhebende Schichten zu erkennen. Nach einer Färbung mit Hämatoxylin speichert die dünne Intine den Farbstoff intensiv, während die viel dickere Exine ungefärbt bleibt.

Der Tribus der *Gentianoideae-Voyrieae* unterscheidet sich ferner durch den Besitz von länglichem, schwach wurstförmig gebogenem Pollen mit zwei polaren Keimporen von den *Gentianoideae-Leiphaimeae*, die mehr rundlichen Pollen mit nur einer apikalen Keimpore besitzen sollen. Die ausgebildeten Pollenkörner von *Voyria* haben tatsächlich schwach wurstförmige Gestalt. Die beiden polständigen Keimporen sind sehr leicht sichtbar, bei genauerem Studium der entleerten Pollenkörner kann aber eine *dritte* Keimpore wahrgenommen werden, die auf dem Rücken, an der Stelle der stärksten Wölbung liegt. In Körnern, die noch mit Inhalt gefüllt sind, ist diese dritte Keimpore weniger gut sichtbar. Die jungen einkernigen Pollenkörner haben meist noch eine andere Gestalt. Sie sind im Schnitt rundlich und weisen deutlich drei Keimporen auf (Taf. I, Abb. 5). Man kann sich ja die älteren, schwach gebogenen Pollenkörner leicht durch ungleichseitiges Flächenwachstum aus der kugligen Grundform entstanden denken.

Es bleibt noch übrig, etwas über die Veränderung der *Wandschichten* der Antheren während der Ausbildung der Pollenkörner zu sagen. Das Tapetum, dessen Form und Ausbildung schon beschrieben worden sind, ist nach Ausbildung der Pollentetraden am stärksten entwickelt. Im Verlauf der Weiterentwicklung der Pollenkörner verschwindet es allmählich. Die Ausbildung eines typischen Periplasmodiums findet aber bei *Voyria* nicht statt. Der Inhalt der Tapetenzellen verschwindet wohl, aber er dringt nicht aus den Zellen heraus, um eine einheitliche Masse zu bilden, in der die Pollenkörner eingebettet liegen. Die Zellwände der Tapetenzellen bleiben bis zuletzt erhalten. Man kann völlig entleerte Zellen sehen, deren Wände aber noch völlig intakt erhalten sind.

Die dritte Wand (die zu verdrängende Schicht) verschwindet bald; nach vollendeter Reduktionsteilung ist sie nur noch als dünne, zerdrückte Schicht erkenntlich. Die zweite Wandschicht bleibt lange unverändert. Erst wenn die Pollenbildung schon vollzogen ist, entstehen auf der Innenseite ihrer Wände Verdickungsleisten, die in radialer Richtung von der äußeren zur inneren Tangentialwand verlaufen. Es werden 5—6 Verdickungsleisten in jeder Zelle angelegt. Vor dem Öffnen der Pollensäcke strecken sich die Zellen der fibrösen Schicht stark in tangentialer Richtung. Die Wandung der Antheren wird jetzt nur noch von der fibrösen Schicht und der Epidermis gebildet, Tapetum und transitorische Schicht sind vollständig verschwunden.

b) *Voyriella parviflora*.

Die ersten Stadien der Antherenentwicklung konnten nicht aufgefunden werden. Selbst die jüngsten Knospen, die zur Verfügung standen, wiesen schon Antheren mit den ausgebildeten vier Wandschichten und Pollenmutterzellen auf. Auch hier konnte daher die Reihenfolge in der Entstehung der einzelnen Wandschichten nicht mit Sicherheit festgestellt werden. Es scheint aber vieles darauf hinzuweisen, daß sie gemäß der von Bonnet (1912, S. 610) gegebenen Beschreibung erfolgt. Aus den ursprünglich subepidermalen Zellen junger Theken gehen durch Tangentialteilung je zwei Zellen hervor, von denen die Innere zur Archesporzelle wird, während die äußere neue subepidermale Zelle sich von neuem teilt. Von den Teilprodukten gehört die innere Zelle der späteren Tapetenschicht an, während die äußere nach einer weiteren Teilung eine Zelle der transitorischen und der späteren fibrösen Schicht bildet. Antheren, in denen diese letzte Teilung noch nicht erfolgt war, konnten aufgefunden werden. Für den gemeinsamen Ursprung aller drei inneren Wandschichten spricht auch der Umstand, daß die Radialwände ihrer Zellen in Lage und Richtung übereinstimmen (Abb. 9*a*). Die Zellen aller vier Wandschichten sind in diesem Stadium noch völlig gleich. Sie sind alle in tangentialer Richtung gestreckt, ihre Kerne sind oval und so groß, daß sie die beiden tangentialen Wände fast berühren.

Die Zahl der *Pollenmutterzellen* eines Pollenfaches ist gering. Auf einem Querschnitt trifft man 6, höchstens 10 Pollenmutterzellen an. Das Protoplasma füllt noch den gesamten Zellraum aus. Der Kern der Zellen ist groß und besitzt einen, bisweilen auch 2—3 Nukleolen von gleicher Form und Größe. Das Chromatin des Kernes ist im Kernraum noch gleichmäßig fein verteilt, größere Klümpchen oder Körper sind noch nicht wahrzunehmen (Taf. II, Abb. 1). Im Stadium der *Synapsis*, dem nächsten, das einwandfrei festzustellen war, zieht sich das Fadennetz mit den Chromatinklümpchen, die unterdessen sichtbar geworden sind, auf der einen Seite des Kernraumes zusammen. Einige wenige Fäden bleiben stets mit der gegenüberliegenden Kernwand in Verbindung (Taf. II, Abb. 2). Auch hier sind häufig noch drei Nukleolen sichtbar, die im Chromatinknäuel eingeschlossen sind. Das Kernlumen hat an Größe gegenüber dem des Ruhekernes bedeutend zugenommen. In postsynaptischen Stadien treten bald eine Menge kleinerer Chromatinkörper in Paaren nebeneinanderliegend auf. Die einzelnen Körper sind durch feine Fäden miteinander verbunden (Taf. II, Abb. 3). Der Nukleolus verschwindet im folgenden Stadium der *Diakinese*. Die Chromosomen haben an Größe stark zugenommen, sie liegen alle an der Peripherie des Kernes. Alle Gemini zeigen eine länglich-ovale Gestalt, sind aber in der Mitte deutlich eingeschnürt, so daß man erkennen kann, daß sie aus zwei rundlichen Einzelchromosomen bestehen (Taf. II, Abb. 4). Die Gemini lassen sich auf diesem Stadium gut zählen, es sind 12—14.

Die Kernmembran verschwindet und die Gemini legen sich in eine Ebene, die auf der Längsachse der länglich-ovalen Zelle ungefähr senkrecht steht. Die Spindel, die zuerst nach den beiden Polen zu breit ausläuft, wird erst später zugespitzt. Leider konnten keine Äquatorialplatten in Polansicht erhalten werden, welche allein ein sicheres Zählen der Chromosomen ermöglicht. In der Seitenansicht läßt sich dies nicht tun, da ja nie alle Chromosomen deutlich sichtbar sind. Die dizentrische Wanderung der Chromosomen ließ sich gut verfolgen (Taf. II, Abb. 5). Eine Längsspaltung in Tochterchromosomen war noch nicht zu sehen. Erst in der Anaphase der Teilung wurde sie an den Chromosomen sichtbar (Taf. II, Abb. 6). Es scheinen alle Chromosomen gleichzeitig zu den Polen zu wandern, vorauseilende oder zurückbleibende, wie bei *Voyria*, fanden sich nicht. Eine Zellteilung folgt der ersten Kernteilung nicht unmittelbar nach.

Weitere Stadien der *Interkinese* konnten nicht erhalten werden. Von der zweiten Teilung, der homöotypischen, waren auch nur Anaphasen erhältlich. Die beiden Kernspindeln liegen in dieser Teilung rechtwinklig zueinander. Die noch während der Interkinese länglich-ovale Mutterzelle ist jetzt von rundlicher Gestalt. Die Chromosomen hatten sich schon zu Kappen zusammengeschlossen, konnten indessen noch gut gezählt werden. Es waren meist 9—11, während in der Diakinese bis 14 Gemini gezählt werden konnten (Taf. II, Abb. 7). Die *haploide* Zahl der *Chromosomen* wird also zwischen 11 und 14 liegen.

Teilungen in vegetativen Organen zum Vergleich heranzuziehen, war nicht möglich.

Erst nach dem Ablauf beider Kernteilungen erfolgt die Zellwandbildung um die vier Kerne simultan. Die Enkelzellen bilden Tetraden (Taf. II, Abb. 8). Sie runden sich bald etwas ab, bleiben aber wie bei *Voyria* und den anderen untersuchten Arten in festem Verbande miteinander. Dasselbe gilt für die Pollenmutterzellen, deren Wände sich durch eine gallertige Schicht verdicken, die erst nach der völligen Ausbildung der Tetraden aufgelöst wird.

Die einkernigen *Pollenkörner*, die frei im Innern der Antheren liegen, wurden, wie bei *Voyria*, nie im Ruhestadium getroffen. Ihre Kerne bereiteten sich zur progamen Teilung vor. Der Nukleolus war verschwunden, und die Chromosomen, von denen einzelne eine Längsspaltung deutlich erkennen ließen, lagen an der Peripherie des Kernes (Taf. II, Abb. 9). Ihre Zahl beträgt hier wieder 10—12. Der weitere Verlauf der progamen Teilung konnte nicht beobachtet werden, hingegen waren zweizellige Pollenkörner, bei denen die generative Zelle noch der Wand anliegt, sehr häufig. Der vegetative Kern liegt mitten in der Zelle. Er ist vollkommen rund und scheint in ein Ruhestadium getreten zu sein, denn sein Chromatin ist vollständig fein verteilt (Taf. II, Abb. 10). Das im einkernigen Pollenkorn noch dichte Plasma ist jetzt, wie bei *Voyria*, von vielen kleinen Vakuolen durchsetzt. Die generative Zelle liegt an der Peripherie des Pollenkornes, durch einen schmalen, uhrglasförmigen Kontraktionsraum von der vegetativen Zelle abgegrenzt. Ihr Kern ist oval und mit einem kleinen Nukleolus versehen. Die umgebende Plasmaschicht ist außerordentlich dünn. Der Verlauf ihres Einwanderns ins Innere des Pollenkornes konnte nicht verfolgt werden. Nach vollzogener Lagenänderung hat sie länglich-ovale Gestalt und färbt sich stets viel intensiver als der vegetative Kern. Besonders deutlich tritt der Unterschied nach einer Färbung mit DELAFIELDschem Hämatoxylin zutage. Eine Differenzierung von Kern und Plasma der generativen Zelle war dagegen auf diesem Stadium nicht mehr möglich (Taf. II, Abb. 11).

Wie bei *Voyria*, so erfolgt auch hier die Teilung des *generativen* Kernes in die beiden *Spermakerne* schon im Innern des Pollenkornes. Die dunklen undifferenzierbaren Spermakerne sind von rundlicher Gestalt und heben sich gut vom hellen, größeren vegetativen Kerne ab (Taf. II, Abb. 12).

Die freien Pollenkörner sind von einer dicken Exine und einer darunterliegenden dünnen Intine umgeben. Nach GILG (1895, S. 62) sollen die Pollenkörner von *Voyriella* nur *einen* apikalen Keimporus besitzen, während ich immer deutlich *drei* Keimporen habe wahrnehmen können.

Die *Keimung* der Pollenkörner erfolgt schon im *Innern der Antheren*, wie dies auch schon für andere Saprophyten, z. B. für *Burmannia* (Schoch 1920, S. 53) und *Epirrhizanthes* (Wirz 1910, S. 14) nachgewiesen worden ist. Der vegetative Kern befindet sich an der Spitze des Pollenschlauches, etwas weiter zurück folgen die beiden Spermakerne (Taf. II, Abb. 13).

Bei den meisten zweizelligen Pollenkörnern konnte die Beobachtung gemacht werden, daß aus allen drei Keimporen Plasmavorstülpungen angelegt wurden. Der Inhalt der Pollenkörner erwies sich trotzdem als völlig ungeschrumpft. Der Inhalt dieser Ausstülpungen ist sehr hell und homogen, eine Körnung ähnlich derjenigen des Protoplasmas ist nicht sichtbar. Sie färben sich gut mit Membranstoffen wie Safranin und Bismarckbraun.

Zum Schluß sei noch etwas über Form und Ausbildung der Antheren-

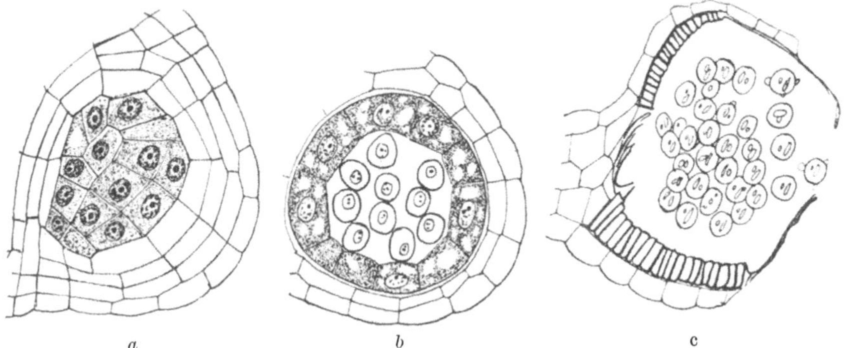

Abb. 9. *Voyriella parviflora*. Stadien aus der Entwicklung der Antheren. *a* Junges Pollenfach mit Pollenmutterzellen und ausgebildeten Wandschichten. Vergr. 480 : 1. *b* Pollenfach mit einkernigen Pollenkörnern und stark entwickeltem Tapetum. Vergr. 336 : 1. *c* Aufgesprungene Theke mit fibröser Schicht und Epidermis, im Innern zweizellige Pollenkörner. Vergr. 200 : 1.

wandschichten, speziell des *Tapetums*, gesagt. Im Gegensatz zu *Voyria* erreicht das letztere keine große Ausdehnung. Es bleibt stets einschichtig und seine Zellen sind immer in tangentialer Richtung gestreckt. Wucherungen ins Innere des Pollenfaches, wie sie für *Voyria* typisch sind, finden sich hier nie. Die größte Ausdehnung hat das Tapetum zur Zeit der einkernigen Pollenkörner (Abb. 9*b*). Jede Zelle enthält stets nur einen Kern und ist reich an vakuoligem Plasma. Wir haben also bei *Voyriella* wie bei den meisten Angiospermen eine einfache, gut abgegrenzte Tapetenschicht, die von dem Komplex der Pollenmutterzellen deutlich gesondert ist.

Im Verlauf der Reifung der Pollenkörner verschwindet das Tapetum, ohne sich jedoch in ein Periplasmodium aufzulösen. Der Inhalt der Zellen wird nach und nach resorbiert, während die Zellwände bis nach völliger Entleerung erhalten bleiben.

Die Umbildung der übrigen Wandschichten vollzieht sich ganz normal. Die dritte Schicht ist schon nach der Reduktionsteilung in den Pollenmutterzellen verschwunden, und die fibröse Schicht legt in späteren Stadien 3—4 Verdickungsleisten in tangentialer Richtung pro Zelle an. Die aufspringende Pollenfachwand besteht nur noch aus der fibrösen Schicht und der Epidermis (Abb. 9*c*).

c) *Leiphaimos spec.*

Auf einem allerjüngsten Stadium erscheinen die Antheren dieser Art als kleine, länglich-ovale Gewebehöcker auf der Innenseite der Kronröhre. Eine Differenzierung der Zellschichten war noch nicht erfolgt, nur die Zellen der Epidermis, sowie der subepidermalen Schicht hoben sich durch Größe und Plasmareichtum von den übrigen Schichten ab.

Die Bildung des *Archespors* und der Wandschichten wird derart eingeleitet, daß durch eine erste Teilung der subepidermalen Schicht, deren Zellen sich vorher stark in radialer Richtung gestreckt hatten, zwei Schichten entstehen, deren innere durch weitere Teilungen das Archespor bildet. Aus der äußeren entstehen durch nochmalige Teilung die fibröse und die transitorische Wandschicht. Anfangs unterscheiden sich die Zellen, aus denen die Wandschichten hervorgehen, noch nicht vom innern Archesporkomplex. Später strecken sie sich alle in tangentialer Richtung, ihr Kern nimmt länglich-ovale Gestalt an. Es treten noch weitere Teilungen in ihnen auf, so daß das Archespor außen von 3—5 Zellschichten umschlossen ist.

Die Entwicklung des *Tapetums* ließ sich bei *Leiphaimos* gut verfolgen. Es konnte festgestellt werden, daß es sich erst spät als äußerste Schicht des Archesporkomplexes absondert. In Stadien, wie sie Abb. 10*a* zeigt, kann man die Zellen des Tapetums von den Pollenmutterzellen noch gar nicht unterscheiden, alle Zellen des Archespores sind in Größe und Plasmagehalt einander vollkommen gleich. Alle sind im Gegensatz zu den Zellen der Wandschicht isodiametrisch. Ihre Kerne erscheinen im optischen Schnitt vollkommen rund und die Verteilung des Chromatins läßt darauf schließen, daß sie in lebhafter Teilung begriffen sind.

Wenn später die Differenzierung in Pollenmutterzellen und Tapetenschicht erfolgt ist, läßt sich erkennen, daß das Tapetum ganz ähnlich wie bei *Voyria* differenziert ist. Seine Zellen sind in radialer Richtung gestreckt und an der dem Konnektiv zugekehrten Seite ragt wieder ein mehrschichtiger Komplex von Tapetenzellen weit ins Innere des Pollenfaches hinein (Abb. 10*b*). Die ungewöhnliche Ausbildung der Tapetenzellen fällt hier um so mehr auf, als die Pollenfächer von *Leiphaimos* im Verhältnis zum Durchmesser der Wandschichten viel enger sind als bei *Voyria*. Da die einzelnen Zellen bei beiden Pflanzen fast dieselbe Größe haben (vgl. Abb. 8*b* mit 10*b*), so berühren sich in den Pollensäcken von *Leiphaimos* die gegenüberliegenden Tapetenzellen beinahe in der

Mitte des Pollenfaches (Abb. 10*b* und Taf. I, Abb. 12). An der engsten Stelle haben höchstens noch zwei Pollenmutterzellen zwischen den Tapetenzellen Platz. An den Enden der Pollensäcke kommt es sogar vor, daß die Tapetenzellen von einer Wand bis zur gegenüberliegenden reichen und so das Pollenfach unvollständig gefächert wird.

In allerjüngster Zeit hat GUÉRIN (1924, S. 1620—1622 und 1925, S. 852 bis 854) die Ausbildung der Antheren verschiedener Gentianaceen untersucht und gefunden, daß innerhalb dieser Familie in bezug auf Form und Ausbildung des Tapetums drei Typen unterschieden werden können. Bei einem ersten Typus, dem z. B. alle Arten der Gattung *Gentiana* angehören, kann von einem eigentlichen Tapetum nicht wohl gesprochen

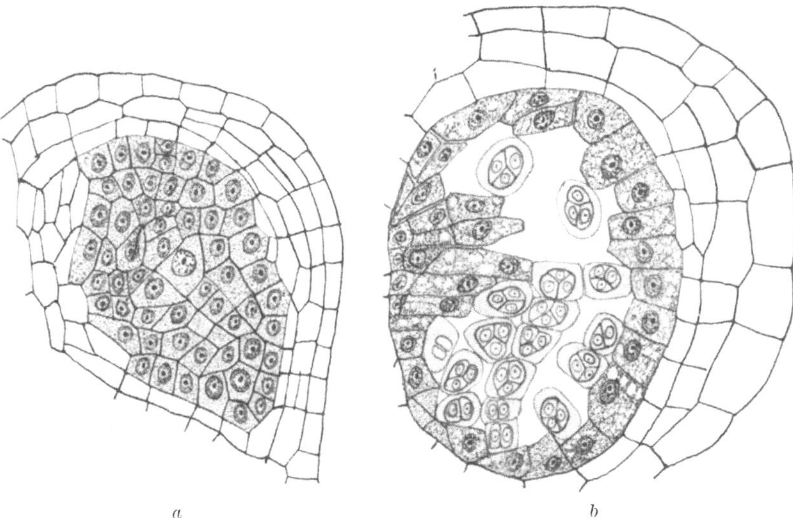

Abb. 10. *Leiphaimos spec.* Stadien aus der Entwicklung der Antheren. *a* Querschnitt durch ein junges Pollenfach mit Archesporkomplex und Antherenwandschichten. *b* Pollenfach mit Pollentetraden und stark entwickeltem Tapetum. Vergr. 280 : 1.

werden. Das Archespor besteht hier nämlich aus einem sterilen Nährgewebe, in dem mehr oder weniger zahlreiche Pollenmutterzellen, zu verschiedenen kleinen Gruppen vereinigt, eingebettet liegen.

Das Tapetum von *Voyria* und *Leiphaimos* zeigt offenbar einige Anklänge an diesen Typus. So stark ausgebildet wie bei *Gentiana* oder *Swertia* ist bei ihnen das sterile Gewebe nie. Es ist stets als periphere Schicht um den Komplex der Pollenmutterzellen zu erkennen und ragt nur in einen Längsstreifen weit ins Innere des Pollenfaches hinein. Durch diese Wucherung der Tapetenzellen bekommt der Komplex der Pollenmutterzellen im Querschnitt eine halbmondförmige Gestalt, die in den engen Pollenfächern von *Leiphaimos* viel stärker zum Ausdruck kommt, als in denen von *Voyria*.

Bei dem zweiten und dritten Typus Guérins ist ein zentraler zusammenhängender Komplex von Pollenmutterzellen von einem einschichtigen, peripher liegenden Tapetum umschlossen. Während er beim zweiten Typus, zu dem *Erythraea* und *Chlora* zu stellen sind, von halbmondförmiger Gestalt ist, zeigt er beim dritten, dem die Menyanthoideen angehören, regelmäßige rundliche Gestalt.

Der Vorgang der Reduktions- und Tetradenteilung konnten in dem zur Verfügung stehenden Material von *Leiphaimos* nicht gefunden werden. Die frühen Stadien zeigten alle das Archespor vor der Differenzierung in Pollenmutter- und Tapetenzellen und die nächst älteren fertige Pollentetraden und ein entwickeltes Tapetum. Auch für *Leiphaimos* läßt sich wieder erkennen, daß die Tetraden noch in festem Verbande liegen und die Wände der einzelnen Pollenmutterzellen stark verdickt sind (Taf. I, Abb. 9). Die einzelne Tetrade ist viel größer als diejenige von *Voyria.* Da sowohl die Reduktionsteilung wie auch die progame Teilung in den Pollenkörnern nicht zur Beobachtung kamen, können auch keine Angaben über die Zahl der Chromosomen gemacht werden.

Die einkernigen Pollenkörner sind von fast kugliger Gestalt. Ihr Kern liegt mitten in der Zelle und befindet sich häufig in Vorbereitung zur progamen Teilung (Taf. I, Abb. 10). Diese selbst konnte nicht beobachtet werden. Die zweizelligen Pollenkörner, bei denen die generative Zelle noch an der Wandung liegt, weisen keine Besonderheiten auf (Taf. I, Abb. 11). Das Plasma der vegetativen Zelle ist reich an Vakuolen und stark mit Stärke angefüllt. Das Einwandern der generativen Zelle ins Innere des Pollenkornes konnte nicht verfolgt werden. Im Inneren hebt sie sich als länglich-ovaler, dunkler Körper leicht vom rundlichen, helleren Kerne der vegetativen Zelle ab. Ob die Teilung des generativen Kernes in die beiden Spermakerne schon im Innern des Pollenkornes erfolgt, wie bei den anderen Arten, konnte leider wieder nicht ermittelt werden. Die *Keimung* der *Pollenkörner* erfolgt, wie bei *Voyriella*, meist schon im *Innern* der Antheren. Auch auf diesem Stadium konnten keine einwandfreien Beweise für die Zwei- oder Dreikernigkeit des Pollenkorninhaltes gefunden werden.

Die ausgebildeten Pollenkörner sind mit einer festen Membran umgeben, die aus einer dicken, glatten Exine und einer dünnen Intine besteht. Sie besitzen *zwei* Keimporen, die sich an den Polen der längeren Achse der schwach ovalen Körner befinden (Taf. I, Abb. 10). Nach der Beschreibung von Gilg (1895, S. 62) sollte *Leiphaimos einen* apikalen Keimporus besitzen, doch konnten mit Sicherheit stets deren *zwei* festgestellt werden. Bei *Leiphaimos* scheinen sich nie alle Pollenkörner fertig zu entwickeln. Man kann öfters zwischen den normalen noch kleinere, degenerierte Pollenkörner oder sogar ganze degenerierte Tetraden finden.

Während der Ausbildung der Pollenkörner verschwindet das Tapetum vollständig, wie bei den anderen beschriebenen Arten ohne Bildung eines Periplasmodiums. Die Zellwände bleiben bis zuletzt erhalten. An reifen Antheren besteht die Wandung nur noch aus der Epidermis und der fibrösen Schicht, die zusammen ebenso breit sind wie das Pollenfach. Die Zellen dieser letzteren haben sich stark in radialer Richtung gestreckt und jene Verdickungsleisten angelegt, die von einer tangentialen Wand zur anderen laufen.

d) *Cotylanthera tenuis.*

Figdor (1897, S. 231—33) hat den Bau des Androezeums untersucht, dagegen seine Entwicklung und diejenige des Pollens nicht verfolgt. Gründe dafür, diese besonders eingehend zu behandeln, liefert vor allem der Umstand, daß sich die Eizelle von *Cotylanthera* offenbar ohne vorherige Befruchtung zum Embryo weiter entwickelt. Die Vermutung liegt nahe, daß die apogame *Cotylanthera* auch keinen normalen, befruchtungsfähigen Pollen ausbilde. Auf den Narben konnten wenigstens nie normal entwickelte Pollenkörner angetroffen werden, alle scheinen schon vorher zugrunde gegangen zu sein. So war also genauer zu untersuchen, wie die Pollenbildung vor sich geht, wo im Verlaufe der Entwicklung ein Stillstand oder Störungen auftreten.

Die allerersten Entwicklungsstadien der Antheren konnten auch für *Cotylanthera* nicht aufgefunden werden. Die jüngsten Knöspchen des Materials zeigten schon Antheren mit fertig ausgebildeten Wandschichten und Pollenmutterzellen in den ersten Stadien der Reduktionsteilung. Auch hier ließ sich also die Reihenfolge der Entstehung der einzelnen Wandschichten nicht einwandfrei feststellen. Doch interessieren uns hier am meisten Entstehung und Ausbildung des *Tapetums*, von dem wir sahen, daß es bei *Voyria* und *Leiphaimos* mächtig entwickelt ist. Auf den jüngsten Stadien heben sich die Zellen des Tapetums von *Cotylanthera* schon stark von den übrigen Wandschichten ab, lassen sich aber nur schwer von den Pollenmutterzellen unterscheiden. Es scheint, als ob sie deren äußerste Schicht wären. Sie sind alle etwas in tangentialer Richtung gestreckt, aber nie so stark wie die übrigen Wandschichten (Abb. 11*a*). Auch bilden ihre radialen Wände nie die innere Fortsetzung derjenigen der zwei mittleren Wandschichten, wie es z. B. bei *Voyriella* der Fall ist.

Die Zellen des Tapetums erreichen, wie bei *Voyriella*, nie die große Ausdehnung, die ihnen bei *Voyria* und *Leiphaimos* eigen ist. Sie bleiben in tangentialer Richtung gestreckt und das Tapetum ist allseits einschichtig.

Nach Abschluß der Pollenkornentwicklung verschwinden auch hier die Zellen des Tapetums ohne Bildung eines Periplasmodiums. Die übrigen Wandschichten bleiben bis zur Öffnung der Pollensäcke unverändert erhalten. Da diese nicht auf die gewohnte Weise vor sich geht, sondern durch einen apikalen Porus, so unterbleibt auch die Ausbildung einer fibrösen Schicht. Als einzige Veränderung ist eine starke Verdickung der Außenwände der Epidermis festzustellen (Abb. 11*b*).

Die Zahl der *Pollenmutterzellen* eines Pollenfaches ist groß. Sie sind alle dicht mit Plasma und großen Kernen erfüllt. Schon die jüngsten Stadien zeigten die ersten Vorbereitungen zur Reduktionsteilung. An der Peripherie des Kernraumes waren zahlreiche kleine Chromatinkörper sichtbar, der Kernraum selber von einem feinen Fadennetz durchspannt, der große Nukleolus inmitten der Zelle liegend (Taf. III, Abb. 1). Als nächstes Stadium folgt eine typische *Synapsis* (Taf. III, Abb. 2). Der Nukleolus, der stets in Einzahl auftritt, liegt hier meistens außerhalb des Knäuels im Kernraum. In einem folgenden spiremähnlichen Stadium ist wieder der ganze Kernraum von einem dichten Fadennetz

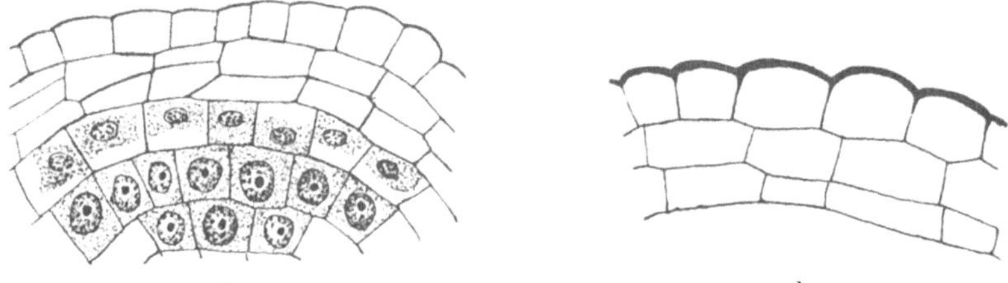

Abb. 11. *Cotylanthera tenuis*. Antherenwandungen. *a* Wandung einer jungen Anthere mit kleinzelligem Tapetum und Pollenmutterzellen. *b* Wandung einer entwickelten Anthere, eine fibröse Schicht ist nicht ausgebildet. Vergr. 378 : 1.

durchzogen, auf dem eine Menge kleiner Chromatinkörper liegen (Taf. III, Abb. 3). Ihre Zahl erscheint bedeutend größer, annähernd doppelt so groß als in den präsynaptischen Stadien. Die einzelnen Klümpchen nehmen an Größe zu und sind in der *Diakinese* als kurze, rundliche Chromosomen zu erkennen (Taf. III, Abb. 4). Ihre Zahl beträgt 32—36. Die meisten sind zu Paaren angeordnet. Diese bestehen aber sehr wahrscheinlich nicht aus ganzen Chromosomen eines Paares, sondern aus Chromosomen-*Längshälften*. Die Längsspaltung hat hier schon in den Prophasen der heterotypischen Teilung stattgefunden. Eine Gruppierung der längsgeteilten Chromosomen zu Vierergruppen konnte aber nur selten deutlich beobachtet werden.

Äquatorialplatten der heterotypischen Teilung wurden öfters angetroffen, doch war es nicht möglich, ihre Chromosomenzahl aus Seitenansichten zu erschließen (Taf. III, Abb. 5). Auch das Studium von Platten in Polansicht hatte leider kein besseres Ergebnis, da gerade in der einen Blüte mit solchen Bildern alle Pollenmutterzellen etwas geschrumpft und die Chromosomen nicht gut erhalten waren.

In der Anaphase der ersten Teilung liegen die meisten Chromosomen an den beiden Polen der achromatischen Figur zu einem Haufen vereinigt. Ihre Zahl ist auch hier nicht einwandfrei festzustellen, da das Auseinanderweichen der Tochterchromosomen teilweise schon vollzogen ist. In späteren Anaphasen liegen wieder 32—36 Chromosomen an den beiden Polen. Außerhalb der polaren Anhäufungen trifft man fast in jeder Zelle einige wenige, größere und dunkler erscheinende Chromosomen (Taf. III, Abb. 6). Es ließ sich nicht verfolgen, ob sich diese später noch mit den übrigen vereinigen, oder ob sie dauernd ausgestoßen bleiben.

Leider fehlten alle Stadien der homöotypischen Teilung, in deren Anaphasen sich die Zahl der haploiden Chromosomen einwandfrei hätte feststellen lassen. Ich mußte daher zur Feststellung der haploiden Zahl die Pollenkörner und die progame Teilung im Pollenkorn herbeiziehen. Hier ergab sich nun deutlich, daß im Verlauf der Tetradenteilung eine wirklich *numerische Reduktion* der Chromosomen eingetreten ist. In Pollenkernen, die eben aus der letzten Teilung hervorgegangen waren, konnten immer nur 16—18 Chromosomen gezählt werden, so daß diese Anzahl der haploiden Zahl entsprechen würde. Die diploide Zahl wäre demnach 32—36, welche Zahl ja in verschiedenen Stadien der Reduktionsteilung auch gefunden worden ist.

Die Reduktionsteilung vollzieht sich in den Pollenmutterzellen von *Cotylanthera* offenbar noch ganz normal, die typischen Stadien der Synapsis und der Diakinese treten ohne sichtbare Abweichungen vom Typus auf.

Erst nach vollendeter Tetradenteilung folgt wie bei *Voyriella* die simultane Wandbildung zwischen den vier Enkelzellen nach (Taf. III, Abb. 7). Wie bei den anderen untersuchten Arten bleiben die Pollenmutterzellen bis zum Stadium der Tetraden in festem Zellverbande und ihre Wände verdicken sich durch die charakteristische Kalloseschicht.

Die ausgebildeten *Pollenkörner* sind sehr klein. Sie sind zunächst vollkommen kugelig (Taf. III, Abb. 8—11). Später nehmen sie mehr dreieckige Gestalt an (Taf. III, Abb. 13). In jeder Ecke bildet sich eine Austrittsstelle für einen Pollenschlauch aus. Die Form der reifen Pollenkörner ist schon von FIGDOR (1897, S. 232, und Taf. XVIII, Abb. 11) richtig erkannt worden, er glaubte aber, daß neben Einzelkörnern auch noch kompakte Pollentetraden vorkommen. In allen meinen Präparaten lagen die entwickelten Pollenkörner stets einzeln, bei den von FIGDOR beobachteten Tetradenpollen handelte es sich offenbar um junge, noch nicht isolierte Pollenkörner.

In den isolierten Pollenkörnern vollzieht sich bald die *progame Teilung*. Innerhalb der Kernwand formieren sich die Chromosomen sehr deutlich, ihre Zahl beträgt 16—18 (Taf. III, Abb. 8). Etwas später verschwindet die Kernmembran und die Chromosomen erscheinen längsgeteilt. Sie orientieren sich in eine fast median durch die Mitte des Pollenkornes verlaufende Äquatorialplatte (Taf. III, Abb. 9). Die Kernspindel erstreckt sich demgemäß auch durch das ganze Pollenkorn, und in der Anaphase wandern die Chromosomen bis an die beiden Pole des Pollenkornes (Taf. III, Abb. 10). Auch in diesem Teilungsschritt konnten gelegentlich einige Chromosomen wahrgenommen werden, die in der Äquatorialplatte zurückblieben und auch in späteren Stadien noch isoliert im Zellplasma anzutreffen sind. Von den beiden entstehenden Zellen ist trotz der abweichenden Lage der Teilungsfigur die generative kleiner als die vegetative (Taf. III, Abb. 11). Erstere ist in den Präparaten durch einen deutlichen Kontraktionsraum von der vegetativen abgegrenzt. In beiden Kernen sind Nukleolen, sowie auch Chromatinkörner, die der Zahl der Chromosomen entsprechen, gut sichtbar.

Der Vorgang des Einwanderns der generativen Zelle ins Innere der vegetativen konnte in einer größeren Anzahl von Pollenkörnern verfolgt werden. Sie nimmt im Verlauf der Wanderung die typische Spindelform an, die sonst bei keiner der anderen untersuchten Arten gefunden werden konnte (Taf. III, Abb. 12). Sie ist zuerst langgestreckt und reicht fast über die ganze Breite der vegetativen Zelle. Ihr Plasma ist deutlich sichtbar, namentlich an den Polen der spindelförmigen Zelle. Auch nach der Einwanderung in die vegetative Zelle hebt sie sich noch leicht ab, ihr Kern ist stets dunkler als derjenige der vegetativen Zelle. Überdies ist sie auch meist durch einen Kontraktionsraum vom Plasma der letzteren abgegrenzt (Taf. III, Abb. 13). Eine Teilung des generativen Kernes in die beiden Spermakerne scheint dagegen im Innern des Pollenkornes nicht zu erfolgen. Auch die wenigen Körner, die im Innern der Antheren gekeimt hatten, enthielten mitsamt ihren Pollenschläuchen nur zwei Kerne.

Im allgemeinen erfolgt aber bei *Cotylanthera* eine Keimung der Pollenkörner überhaupt nicht mehr. Sie beginnen alle schon vorher zu *degenerieren*, offenbar bald nachdem im zweizelligen Pollenkorn die Einwanderung der generativen Zelle ins Innere erfolgt ist. Das Plasma des ganzen Kornes wird heller, die Kerne werden undeutlich, und schließlich schrumpft der ganze Inhalt zusammen. Offene Antheren enthalten meist nur völlig degenerierten Pollen. In einzelnen Antheren scheinen wenige normale Körner enthalten zu sein, die aber wohl auch noch zugrunde gegangen wären. Auf keiner einzigen Narbe ist ein normales Pollenkorn angetroffen worden.

Die Entwicklung des Pollens geht also bei *Cotylanthera* zunächst ganz normal vor sich. Reduktionsteilungen wie progame Teilung vollziehen sich scheinbar ungestört. Erst nachdem die Entwicklung völlig zu Ende gekommen zu sein scheint, beginnt die Degeneration der Pollenkörner. Ganz ähnlich verläuft die Pollenbildung bei der apogamen *Bur-*

mannia coelestis (SCHOCH 1920, S. 81—86), wo die Pollenkörner ebenfalls erst nach der Gestalt- und Lagenveränderung der generativen Zelle absterben. Auch bei dieser apogamen Art kommen gelegentlich einzelne keimfähige Pollenkörner vor, so daß nach SCHOCH doch nicht alle Möglichkeiten für eine gelegentliche Befruchtung ausgeschlossen sind.

IV. Bau und Entwicklung der Samenanlagen.

a) *Voyria coerulea.*

Bau und Entwicklung der Samenanlagen von *Voyria* sind von SVEDELIUS (1902, S. 15, und Abb. 11) kurz dargestellt worden. Trotzdem ihm nur ein sehr spärliches Material zur Verfügung stand, ist es ihm dennoch gelungen, die wichtigsten Daten aus der Entwicklungsgeschichte der Samenanlagen festzustellen. So hat er als erster nachgewiesen, daß *Voyria* anatrope Samenanlagen besitzt, die in Bau und Entwicklung durchaus denen der autotrophen Gentianaceen entsprechen.

Auch mein Untersuchungsmaterial von *Voyria* war nicht sehr reichhaltig, namentlich waren jüngere Blütenknospen sehr spärlich, so daß nicht sämtliche Entwicklungsstadien der Samenanlagen erhalten werden konnten.

Schnitte durch die jüngste Blütenknospe zeigten das Gynäzeum noch fast völlig undifferenziert. Im Gebiete des Fruchtknotens weichen die beiden Fruchtblätter in der Mitte etwas auseinander und bilden so einen kleinen Hohlraum. In der Folge stülpen sich die Ränder der Fruchtblätter ins Innere vor und bilden die Anlagen der Plazenten. Ihre weitere Ausbildung geht rasch vor sich, so daß die fertigen Plazentawülste bald die ganze stark vergrößerte Fruchtknotenhöhle ausfüllen und sich in deren Mitte berühren (Abb. 12*a*). Jeder Plazentarwulst ist vorn köpfchenartig verdickt und verjüngt sich basalwärts in einen schmäleren Stiel (Abb. 12*b*).

GILG (1895, S. 102, und Abb. 46 *Q*) beschreibt die Plazenten von *Voyria* als zwei in der Mitte tief eingeschnittene, breitgegabelte Gewebekörper. Jeder Plazentarwulst entwickelt sich aber für sich aus dem Rande des Fruchtblattes. Die beiden Stiele der gleichseitigen Plazentarwülste verlaufen auch noch später fast parallel zueinander und sind an ihrer Basis stets durch ein bald kleineres, bald größeres Stück der Fruchtknotenwand getrennt, in dem das Leitgewebe für die Pollenschläuche verläuft (Abb. 12*b*).

Epidermis und subepidermale Schicht der Plazenten heben sich durch Größe und Inhaltsbeschaffenheit ihrer Zellen deutlich von den übrigen Schichten ab. An der Bildung der Samenanlagen beteiligen sich nur diese zwei Schichten. Sie erfolgt derart, daß sich in einem ersten Stadium die großen Zellen der subepidermalen Schicht gegen die Epidermis vorwölben und die Epidermis gleichzeitig eine leichte Wellung der Oberfläche erfährt (Abb. 13*a*). Die Hervorwölbungen werden immer stärker, es bilden sich schließlich kleine Höcker, in denen die ursprüngliche subepidermale Zelle von einer Schicht von Epidermiszellen umgeben wird. Durch Teilung der inneren, sowie durch antikline Teilungen der Epidermiszellen vergrößert sich die Samenanlage und streckt sich in die Länge. Eine mediane Reihe von 2—4 Zellen, hervorgegangen aus einer Zelle der subepidermalen Schicht der Plazenta, wird von einem einschichtigen Mantel von Epidermiszellen umschlossen (Abb. 13*b*). Nach Stolt (1921, S. 10) soll diese Reihe medianer Zellen in den Samenanlagen aller autotrophen Gentianaceen anzutreffen sein. Es ist mir gelungen, sie bei allen vier untersuchten saprophytischen Arten deutlich nachzuweisen. Bis zu diesem Stadium der Ausbildung verläuft die Entwicklung bei allen vier Arten genau gleich, erst später treten Unterschiede auf.

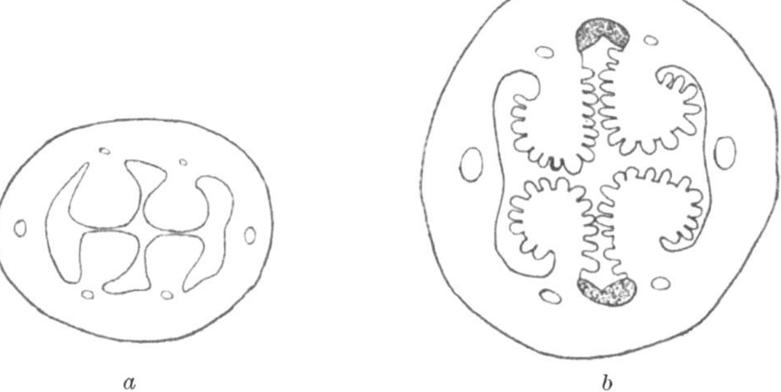

Abb. 12. *Voyria coerulea.* Querschnitte durch junge Fruchtknoten. *a* Junger Fruchtknoten mit den Plazentawülsten vor der Ausbildung der Samenanlagen. *b* Älterer Fruchtknoten mit jungen Samenanlagen an den Plazenten. Das leitende Gewebe ist punktiert. Vergr. 36 : 1.

Auf Schnitten durch junge Fruchtknoten von *Voyria coerulea* werden je nach der Höhenlage im Fruchtknoten 10—24 Samenanlagen auf einem Querschnitt angetroffen. Zu oberst sind es nur wenige und nach unten nimmt ihre Zahl immer mehr zu. Die jungen Samenanlagen stehen nicht dicht nebeneinander und berühren oder bedrängen einander während des weiteren Wachstums nicht. So findet jede Anlage auch genügend Platz um die anatrope Krümmung ihres Scheitels leicht vornehmen zu können.

Im Verlaufe der Entwicklung werden die jungen Samenanlagen breiter, ihre epidermale Schicht durch perikline Teilungen zweischichtig, ebenso teilen sich die Zellen der einen medianen Reihe. Ihre vorderste Zelle hebt sich bald durch Größe und Plasmareichtum von allen übrigen Zellen der Anlage ab. Es ist die Archesporzelle, die ohne weitere Teilungen direkt zur *Embryosackmutterzelle* wird. Bald liegt sie median, bald etwas nach der Seite verschoben, nach der sich die Krümmung der Samenanlage vollzieht (Abb. 13*c*). Nach Stolt (1921, S. 10, und Abb. 7—11) liegt die Archesporzelle immer direkt unter der Epidermis des Nucellus. Die Gentianaceen gehören nach seinen Untersuchungen dem tenuinucellaten Typus der Samenanlagen an.

Wenn in etwas spätern Stadien die Archesporzelle von mehr als einer Zellenlage überdeckt wird, ist dies auf perikline Teilungen in der Epidermiszellenlage zurückzuführen. Von der künftigen Krümmung der Samenanlagen sind auf diesem Stadium erst die ersten Andeutungen vorhanden (Abb. 13*d*). Leider ließ sich die nachfolgende Entstehung und Hervorwölbung des Integumentes nicht im Einzelnen verfolgen.

Das nächstfolgende Entwicklungsstadium meiner Präparate zeigt ein wohl entwickeltes Integument mit starker Krümmung der Samenanlage (Abb. 15*a*) und um den Embryosack ein einschichtiges Nucellus-

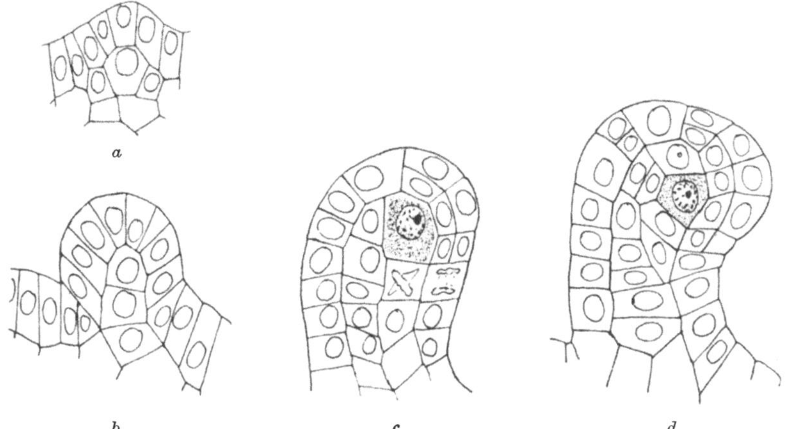

Abb. 13. *Voyria coerulea.* Stadien aus der Entwicklung der Samenanlagen. *a* Erste Anlage des Ovulums, eine Zelle der subepidermalen Schicht wölbt sich gegen die Epidermis vor. *b* Junge Samenanlage, aus medianer Zellreihe und einschichtiger Epidermis bestehend. *c* Samenanlage mit Embryosackmutterzelle. Epidermis und mediane Zellreihe teilweise schon zweischichtig. *d* Beginnende Krümmung der jungen Samenanlage. Vergr. 480 : 1.

gewebe. Besonders deutlich sind direkt über dem Embryosack zwei keilförmige Zellen am Grunde der Mikropyle.

Die Drehung des Scheitels der Samenanlage erfolgt um volle 180°. Der Funikulus und die Längsachse des Körpers der Samenanlage verlaufen parallel.

Während der Umbiegung der Samenanlage vollzieht sich auch die Tetradenteilung in der Embryosackmutterzelle. Von den vier entstehenden Enkelzellen wird die unterste, also die von der Mikropyle entfernteste, zum Embryosack. Die übrigen degenerieren und liegen dem Embryosackscheitel noch eine Zeitlang als stark färbbare Kappen auf (Abb. 14*a*).

In der einkernigen Embryosackzelle liegt der Kern median, umgeben von vakuoligem Plasma. Die Spindel der ersten Kernteilung liegt ungefähr in der Längsrichtung des Embryosackes. Die beiden Tochterkerne weichen gegen die Pole auseinander. Eine große zentrale Vakuole nimmt bald die Mitte der Zelle ein, daneben findet sich öfters noch eine kleinere Vakuole am chalazalen Ende (Abb. 14*b*). STOLT hat diese beiden Vakuolen, namentlich auch die kleinere am chalazalen Ende bei einer Reihe von *Gentiana*-Arten feststellen können (1921, S. 13, und Abb. 29). Im vierkernigen Embryosacke liegen die Kerne der beiden Paare bald nebeneinander, bald übereinander (Abb. 14*c*). Die Richtung der beiden Spindeln des zweiten Teilungsschrittes kann in der Längs- wie in der Querrichtung des Embryosackes liegen. Die zentrale und öfters auch die chalazale Vakuole sind noch erhalten. Kurz nach dem dritten Teilungsschritte findet im achtkernigen Embryosack die Differenzierung der verschiedenen Zellen statt.

Die beiden *Synergiden* haben die Gestalt, die nach STOLT (1921, S. 17, und Abb. 53) für die meisten Gentianaceen typisch ist. Sie sind gestreckt

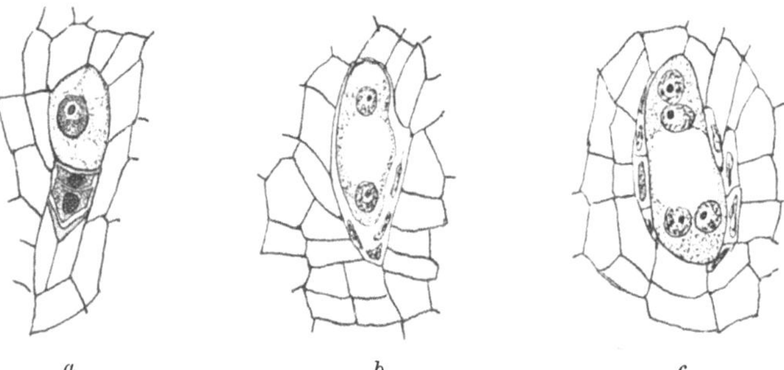

Abb. 14. *Voyria coerulea*. Stadien aus der Entwicklung des Embryosackes. *a* Einkerniger Embryosack, dessen Scheitel die Reste der degenerierten Schwesterzellen als Kappen aufsitzen. *b* Zweikerniger Embryosack mit großer zentraler und kleinerer Vakuole am chalazalen Ende. *c* Vierkerniger Embryosack mit zentralem Saftraum. Vergr. 420 : 1.

und nach der Mikropyle hin zugespitzt (Taf. IV, Abb. 1). Am Scheitel jeder Synergide findet sich eine Vakuole, darüber, in Plasma gebettet, liegt der Kern. Ein Fadenapparat im zugespitzten Teile der Synergiden war nicht wahrzunehmen, wie auch STOLT bei keiner *Gentiana*-Art einen solchen hat feststellen können.

Die *Eizelle* liegt unterhalb der Synergiden, an der Basis ihrer Vakuolen. Sie enthält nur wenig Plasma und eine nach der Mikropyle zu sich erstreckende Vakuole.

Die beiden *Polkerne* sind vor ihrer Verschmelzung von ungefähr gleicher Größe. Sie vereinigen sich sehr früh miteinander. Der untere Polkern wandert im Plasmabelag vom antipodialen Ende des Embryosackes gegen das mikropylare Ende, wo die Verschmelzung mit dem oberen Polkern etwas unterhalb des Eiapparates erfolgt. Nach der Verschmelzung behält der *sekundäre Embryosackkern* immer die gleiche Lage direkt unterhalb des Eiapparates bei, wie sie auch für die meisten übrigen

Gentianaceen beschrieben worden ist. Er weist noch längere Zeit zwei Nukleolen auf und unterscheidet sich durch seine Größe vom oberen Polkern, der vorher die gleiche Lage im Embryosacke inne hatte.

Antipoden sind im Embryosacke von *Voyria coerulea* stets drei vorhanden. Eine sekundäre Vermehrung ihrer Zahl, wie sie für viele Gentianaceen typisch ist, unterbleibt bei *Voyria* (Abb. 15*b*).

Im Verlaufe seiner Entwicklung nimmt der Embryosack bedeutend an Größe zu. Dabei verdrängt er die seitlich anliegenden Zellschichten (Abb. 14*a*—*c*), so daß er schließlich nur noch vom Integumente um-

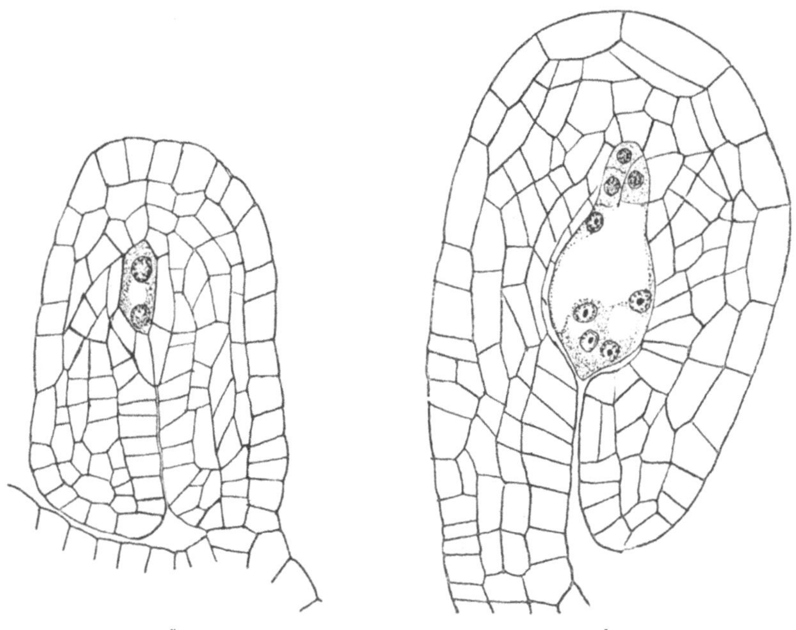

Abb. 15. *Voyria coerulea.* Stadien aus der Entwicklung des Embryosackes. *a* Zweikerniger Embryosack mit Nucelluslage, Integument und Mikropyle. *b* Ausgebildeter Embryosack mit Eiapparat, Polkernen und Antipoden, die beiden Polkerne noch vor ihrer Verschmelzung. Vergr. 378 : 1.

schlossen wird. Auch bei allen autotrophen Gentianaceen scheint die den Embryosack überdeckende Nucellusschicht während der Ausbildung des Embryosackes verdrängt zu werden. So gibt auch STOLT in seiner Abb. 41 einen achtkernigen Embryosack wieder, der nur noch vom Integumente umschlossen wird.

Die Plazenten, Fruchtknotenwandungen und Integumente der Samenanlagen junger Fruchtknoten sind stark mit Stärke erfüllt. Der Embryosack selber führt vor der Befruchtung noch keine Stärke. Die vielen, stark lichtbrechenden Körner, namentlich in den Integumenten, stören das mikroskopische Bild stark, so daß versucht wurde, die Stärke mittelst Speichel herauszulösen. Durch die notwendige Vorquellung der

Stärke mit Kalilauge wurden aber die Gewebe sehr oft gesprengt, so daß mit der Entfernung der Stärke nichts gewonnen war.

b) *Voyriella parviflora.*

Im Fruchtknoten eines allerjüngsten Knöspchens hatte die Bildung der Samenanlagen noch nicht begonnen, während sich in den Pollenmutterzellen der Antheren bereits die Reduktionsteilung vollzog. Die Epidermis, sowie die subepidermale Schicht der Plazenta heben sich indessen schon durch die Größe der Kerne und den Plasmagehalt der Zellen von den übrigen Schichten ab. Die Zellen der Epidermis sind alle in radialer Richtung gestreckt und ihre Kerne in lebhafter Teilung begriffen. Die Zellen selbst teilen sich noch ausschließlich in antiklinaler Richtung und führen daher nur zu einer Vermehrung der Zahl der Epi-

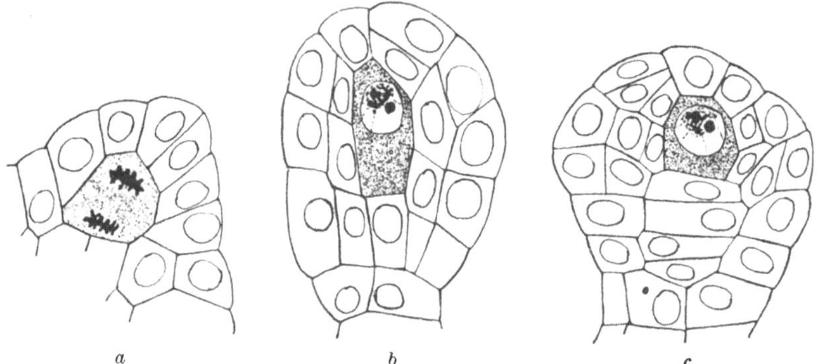

Abb. 16. *Voyriella parviflora.* Stadien aus der Entwicklung der Samenanlagen. *a* Erste Anlage des Ovulums. Eine Zelle der subepidermalen Schicht hat sich gegen die Epidermis hervorgewölbt. *b* Ovulum mit Embryosackmutterzelle und zweischichtiger Epidermis, eine Zelle am Scheitel bleibt ungeteilt. *c* Etwas älteres Stadium, erste Andeutungen der Integumentbildung. Vergr. 540 : 1.

dermiszellen. Die Zellen der subepidermalen Schicht sind in der Regel größer als diejenigen der Epidermis und mehr von isodiametrischer Gestalt. Der Teilungsprozeß in der Epidermis ist viel intensiver als in der subepidermalen Schicht, so daß zu Beginn der Bildung der Samenanlagen auf eine subepidermale Zelle meist 2—3 Epidermiszellen kommen.

Die Anlage des jungen Ovulums vollzieht sich gleich wie bei *Voyria*. Es geht wieder aus Epidermis und subepidermaler Schicht der Plazenta hervor. Durch die Hervorwölbung einer Zelle der subepidermalen Schicht und entsprechendes Wachstum der deckenden Epidermiszellen entsteht ein kleiner Wulst (Abb. 16*a*), der bald zu einem länglichen Zapfen heranwächst. Er besteht später, wie bei *Voyria*, aus einer medianen Reihe von 3—4 Zellen, die durch Teilung der einen subepidermalen Zelle entstanden ist und von der einschichtigen Epidermis umschlossen wird.

Von den Zellen der medianen Reihe, die anfangs gleicher Größe sind, vergrößert sich die oberste stark. Sie streckt sich in der Längsrichtung und unterscheidet sich bald auch durch Plasmagehalt und größeren Kern von den übrigen Zellen der Samenanlage. Sie wird zur *Embryosackmutterzelle* (Abb. 16*b*).

Im nachfolgenden Stadium zeigen die Samenanlagen von *Voyriella* die ersten Anzeichen einer von *Voyria* abweichenden Weiterbildung.

Die epidermalen Zellen der Samenanlage beginnen sich in periklinaler Richtung zu teilen. Eine einzige Zelle, über dem Scheitel der Embryosackmutterzelle bleibt ungeteilt (Abb. 16*b* und *c*). Die meisten Zellen der entstandenen inneren Zellage erfahren noch eine weitere Teilung in gleicher Richtung, so daß die Samenanlage seitlich der Embryosack-

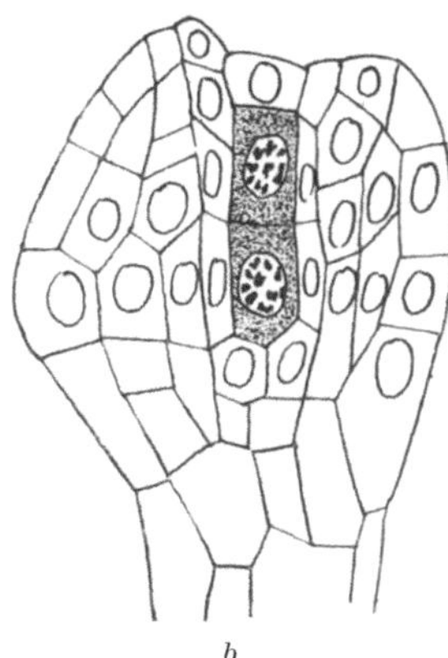

a *b*

Abb. 17. *Voyriella parviflora.* Stadien der Tetradenteilung der Embryosackmutterzelle und Bildung des Integumentes. *a* Embryosackmutterzelle mit Kern im Stadium der Geminibildung. Das Integument wölbt sich über den Scheitel des Nucellus, der hier auf eine Zelle reduziert ist, empor. *b* Aus der ersten Teilung der Embryosackmutterzelle hervorgegangene Tochterzellen. Integumentbildung etwas weiter fortgeschritten. Vergr. 540 : 1.

mutterzelle aus drei Zellschichten besteht (Abb. 16*c*). In der Folge strecken sich diese Zellen alle in der Längsrichtung und wölben sich als erste Andeutungen der Integumentbildung allmählich über den Scheitel der Samenanlage empor. Die Bildung des Integumentes setzt so hoch an der Samenanlage an, daß alle Zellen bis auf eine einzige, die direkt am Scheitel gelegen ist, sich daran beteiligen. Wie viele Zellen als eigentliches Nucellusgewebe erhalten bleiben und nicht in der Integumentbildung aufgehen, konnte für *Voyria* nicht festgestellt werden. Hier bleibt sicher nur eine einzige Zelle ungeteilt und überdeckt die Embryosackmutterzelle (Abb. 17*a* und *b*).

Der Integumentwulst wölbt sich weit über den Scheitel der Embryosackmutterzelle empor und bildet eine anfangs noch enge Mikropyle. Die scheitelständige Nucelluszelle bleibt nur bis nach der Tetradenteilung der Embryosackmutterzelle erhalten und verschwindet später mit den drei Schwesterzellen des Embryosackes. Der Mikropylengang reicht sodann bis zum Embryosack hinunter (Abb. 18*a* und *b*), der auch seitlich nur noch vom Integument umschlossen ist.

Während die Samenanlagen von *Voyria* noch eine vollständige anatrope Krümmung erfahren, unterbleibt diese bei *Voyriella* vollständig. Ihre Samenanlagen bleiben *orthotrop*. Unter den autotrophen Gentianaceen sind außer bei *Halenia elliptica* DON. noch keine orthotropen Samenanlagen gefunden worden. Die orthotrop aussehenden Samenanlagen von *Leiphaimos* und *Cotylanthera* haben sich als innerlich anatrop erwiesen, so daß erst *Voyriella* das zweite Beispiel wirklich orthotroper Samenanlagen dieser Familie liefert.

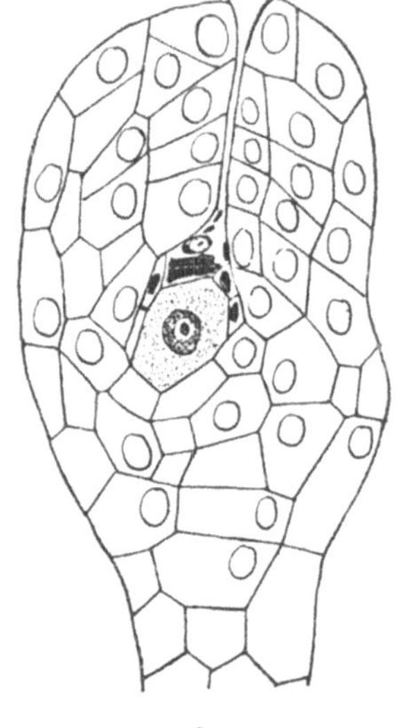

a *b*

Abb. 18. *Voyriella parviflora*. Samenanlagen mit Stadien der Embryosack- und Integumentbildung. *a* Einkerniger Embryosack mit den drei degenerierten Schwesterzellen, das Integument hat sich gegenüber Abb. 17 noch stärker hervorgewölbt. *b* Einkerniger Embryosack mit den Resten der Schwesterzellen am Grunde der Mikropyle; die Integumentbildung ist zu Ende gekommen. Vergr. 540 : 1.

Während sich das Integument in der oben beschriebenen Weise ausbildet, findet in der Embryosackmutterzelle die Tetraden- und Reduktionsteilung statt. Zu Beginn der Integumentbildung befindet sich ihr Kern im Stadium der Synapsis (Abb. 16*b* und *c*). Das dicht zusammengeballte Chromatin liegt meist an der oberen Kernwand, der Nukleolus außerhalb des Chromatins. In späteren Stadien sind die Gemini deutlich sichtbar (Abb. 17*a*). Die Chromosomen eines jeden Paares liegen oft kreuzweise übereinander. Der ersten Kernteilung folgt sofort eine Zellteilung nach. In den Kernen der beiden Tochterzellen bleiben die schon längsgespaltenen Chromosomen bis zum nächsten Teilungsschritt erhalten. Wie im Verlaufe der Pollenbildung konnten wieder 9—12 Chromosomen bzw. Chromosomenpaare gezählt werden (Abb. 17*b*). Das Endstadium der Teilung, vier übereinanderliegende gleichartige Tetradenzellen, wurde nicht gefunden, doch waren häufig etwas ältere Stadien mit dem im Wachstum bevorzugten Embryosacke und den drei degenerierenden Schwesterzellen vorhanden.

Von den vier Zellen der Tetrade wird auch bei *Voyriella* die unterste, der Chalaza nächste zum *Embryosacke* (Abb. 18*a*). Die drei Schwesterzellen des Embryosackes degenerieren bald. Auch die seitlich vom Embryosack gelegenen Zellen und die scheitelständige Nucelluszelle gehen zugrunde, ihre Reste sind indessen noch eine Zeitlang über dem Embryosacke am Grunde der Mikropyle sichtbar (Abb. 18*b*). Durch ihre vollständige Auflösung entsteht am Scheitel des Embryosackes ein kleiner Hohlraum, der durch sein Wachstum aber bald ausgefüllt wird.

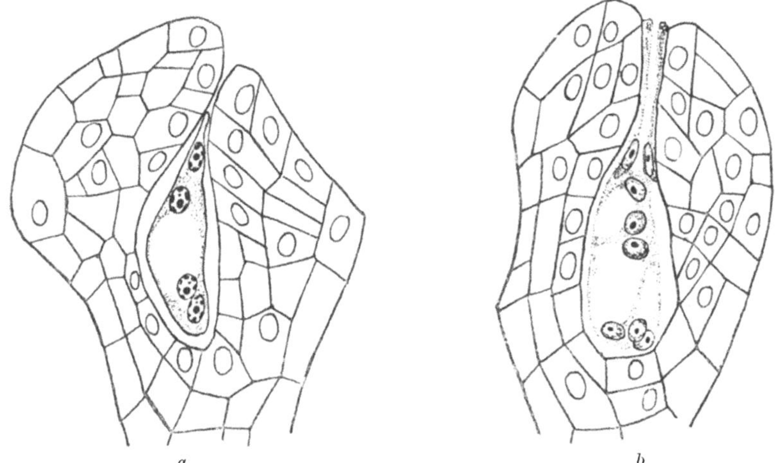

Abb. 19. *Voyriella parviflora.* Stadien des Wachstums und der Ausbildung des Embryosackes. *a* Vierkerniger Embryosack, der in die Mikropyle hineinwächst. *b* Achtkerniger Embryosack, der durch die ganze Mikropyle bis zu deren äußerem Ende gewachsen ist. Die Kerne befinden sich nur im unteren dicken Teil des Embryosackes. Vergr. 540:1.

Im einkernigen Embryosacke liegt der Kern median, gegen beide Schmalseiten findet sich je eine Vakuole (Abb. 18*a*). Nach der ersten Kernteilung werden die Tochterkerne polständig, in der Mitte des Embryosackes bildet sich eine zentrale Vakuole. Im vierkernigen Sacke liegen zwei Kerne am unteren Ende neben- oder schräg übereinander. Am oberen zugespitzten Ende des Embryosackes liegen die beiden Kerne hintereinander (Abb. 19*a*). Die Mitte des Zellraumes wird von einer zentralen Vakuole erfüllt.

Der Embryosack nimmt nun rasch an Größe zu. Er wächst vornehmlich nach außen, in den weiten Mikropylarkanal hinein (Abb. 19*a*), bis sein oberes Ende schließlich die Spitze der Mikropyle erreicht hat (Abb. 19*b*). Die Integumente selber haben sich während dieser Zeit nur unmerklich vergrößert. Die ganze Samenanlage ist nur unmerklich größer als im Stadium des einkernigen Embryosackes (vgl. Abb. 18*b* mit 19*a* und *b*). Der ausgewachsene Embryosack hat von oben bis unten sehr ungleiche Breite. Er besteht aus einem oberen, schmäleren Teil, der die Mikropyle erfüllt und einem unteren, breiteren Teil, der die Kerne enthält. Als Ganzes hat der Embryosack ungefähr die Gestalt einer Flasche mit dickem Bauch und dünnem Hals (Abb. 19*b*).

Nach dem dritten Kernteilungsschritt liegen im achtkernigen Embryosacke vier Kerne am unteren Ende, die vier oberen an der Stelle, wo der breitere Teil des Embryosackes in den schmäleren Hals übergeht. Nach erfolgter Zellbildung wird dieser von den *Synergiden* eingenommen, die hier lang gestreckt sind. Ihre Kerne liegen am unteren Ende des Halses und als langer Plasmaschlauch reicht der übrige Teil der Zelle bis an die freie Oberfläche und bisweilen noch etwas zur Mikropylaröffnung heraus (Abb. 19*b* und Taf. IV, Abb. 7 und 8). Im Halsteil des Embryosackes sind die Synergiden von wechselnder Breite. Oft hat es selbst den Anschein, als ob sie etwas gewunden wären. Ihr freier Scheitel ist etwas verbreitert. Ihre Kerne sind später nicht mehr deutlich sichtbar. Das Plasma der Synergiden ist über ihre ganze Länge gleichartig feinkörnig, ein Fadenapparat ist nicht vorhanden. Auch eine basale Vakuole, wie sie den meisten Synergiden zukommt, fehlt hier. Synergiden mit ungefähr ähnlicher Gestalt sind z. B. bei *Crocus vernus* und *Gladiolus cummunis* L. nachgewiesen worden. Sie ragen ebenfalls (vgl. STRASBURGER 1878, S. 39, und Taf. V, Abb. 13—16 und 23—24 und HABERMANN 1906, S. 300—317, und Taf. XIII, Abb. 6 und 10—14) in den Mikropylenkanal hinein, besitzen aber alle eine basale Vakuole und einen deutlichen Fadenapparat.

Die *Eizelle* liegt etwas unterhalb der Synergiden im erweiterten Teile des Embryosackes. Ihr Kern unterscheidet sich anfangs in Größe und Gestalt nicht von den übrigen Kernen des Embryosackes (Abb. 19*b*).

Die *Polkerne* verschmelzen schon früh miteinander, etwa in der Mitte des Embryosackes (Abb. 19*b* und Taf. IV, Abb. 7). Ihr Verschmelzungsprodukt liegt später direkt unterhalb des Eikernes.

Antipoden sind wie bei *Voyria* stets drei vorhanden. Sie nehmen das untere Ende des Embryosackes ein und bleiben bis etwa zur Befruchtung erhalten.

Der entwickelte Embryosack enthält meist einen großen zentralen Saftraum. Merkwürdig ist, daß der Embryosack schon vor der Befruchtung reichlich Stärke enthält. In großer Zahl liegen die kleinen Körner vornehmlich um den sekundären Embryosackkern herum (Taf. IV, Abb. 7). Im Integument führt nur die äußerste Zellschicht Stärke, die inneren Schichten sind davon völlig frei.

Die orthotropen Samenanlagen von *Voyriella* besitzen einen auffallend langen Funikulus. Besonders stark entwickelt ist er im untersten Teile des Fruchtknotens, wo die Samenanlagen an langen Stielen fast senkrecht nach unten hängen. Im mittleren Teile des Fruchtknotens, wo sie horizontal liegen, reichen sie oft bis zur gegenüberliegenden Plazenta. Es ist oft nicht leicht für die vielen Samenanlagen, die fast wie die Zähne von Zahnrädern ineinander greifen, zu entscheiden, welcher Plazenta sie zugehören (Abb. 5*b*). Sie berühren, ja drängen einander oft so stark, daß die aus dem Verbande herausgelöste einzelne Samenanlage eine oft sehr unregelmäßige Form aufweist (Abb. 19*a*).

c) *Leiphaimos spec.*

Schon JOHOW (1885, S. 442—446, und 1889, S. 519—521) hat die Entwicklung der Samenanlagen bei vier verschiedenen *Leiphaimos*-Arten eingehend beschrieben. Die wichtigsten Punkte und Eigentümlichkeiten in der Entwicklung hat er richtig erkannt. In einigen Punkten bin ich bei der Untersuchung der mir vorliegenden *Leiphaimos*-Art zu anderen Resultaten gekommen, so daß ich hier noch einmal die ganze Entwicklung beschreiben und besonders auf die gegenüber JOHOW abweichenden Befunde eingehen werde.

Schon hinsichtlich der ersten Anlagen der Samenanlagen kann ich JOHOW nicht zustimmen. Er äußert sich darüber (1885, S. 442) wie folgt: ,,Das gesamte Ovulum scheint aus einer einzigen Epidermiszelle der Plazenta und einer oder zwei darunterliegenden Zellen, die sich indessen nur an dem Aufbau des Trägers beteiligen dürften, hervorzugehen. Die Aufeinanderfolge der Zellwände in sehr jungem Zustande der Anlage ist bis zu einem gewissen Grade konstant. Die Epidermiszelle wird zunächst durch eine uhrglasförmige Längswand in zwei Teile von ungleicher Größe zerlegt und die größere der beiden Tochterzellen sodann noch zweimal durch ähnlich gestellte Wände geteilt. Es folgen darauf weitere Zellteilungen, bei denen eine bestimmte Regel in der Richtung der Wände nicht mehr ersichtlich ist, die Ovularanlage nimmt .... eiförmige Gestalt an und läßt kurz darauf in ihrem Innern eine durch Größe und Inhaltsbeschaffenheit sich deutlich abhebende Zelle erkennen.''

Bei der von mir untersuchten *Leiphaimos*-Art vollzieht sich die Entwicklung der Samenanlage gleich wie bei *Voyria* und *Voyriella*. In ganz jungen Stadien heben sich an den Plazenten Epidermis und subepidermale Schicht durch Größe und Plasmagehalt ihrer Zellen leicht von den übrigen Schichten ab. Die zahlreichen Epidermiszellen sind lang und schmal, in radialer Richtung gestreckt. In der subepidermalen Zellenlage sind die Zellen meist etwas größer und breiter. Die Entwicklung wird nun derart eingeleitet, daß sich eine Zelle der subepidermalen Schicht gegen die Epidermis vorwölbt. Meine Präparate sprechen einwandfrei dafür, daß die Samenanlage immer aus Epidermis und subepidermaler

Zellenlage zugleich hervorgeht, und daß der wichtigste Teil der Samenanlage, die Embryosackmutterzelle, subepidermalen Ursprunges ist, während aus den Zellen der Epidermis nur die Hüllschichten entstehen.

Die Samenanlage wächst bald zu einem kleinen Höcker heran, in dem die subepidermale Zelle von einer Schicht von Epidermiszellen umgeben ist (Abb. 20*a*). Erstere teilt sich nun auch, so daß die für alle Arten charakteristische Samenanlage, aus einer medianen Reihe von 3—4 Zellen und einer einschichtigen Epidermis, entsteht (Abb. 20*b*). Ein solches Entwicklungsstadium gibt auch Johow in seiner Taf. XVIII, Abb. 46 wieder. Formen mit uhrglasförmigen Wänden, wie sie seine Abb. 45 darstellt, konnte ich dagegen nie auffinden. Sie erwecken meiner

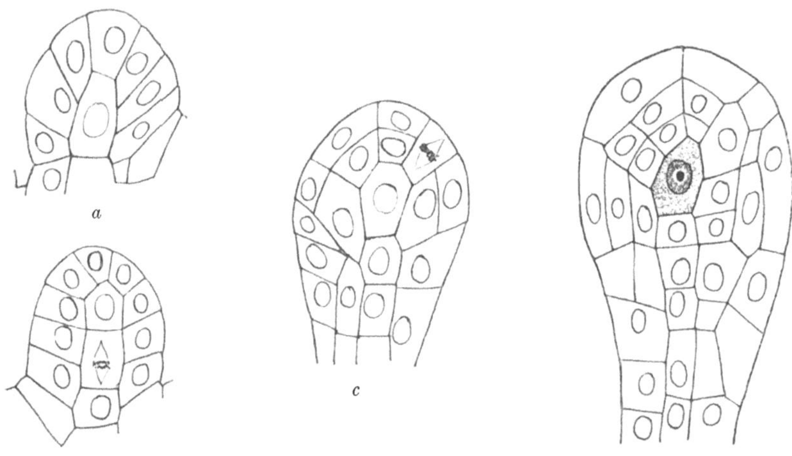

Abb. 20. *Leiphaimos spec.* Stadien aus der Entwicklung der Samenanlagen. *a* Erste Anlage des Ovulums, eine Zelle der subepidermalen Schicht hat sich gegen die Epidermis vorgewölbt. *b* Ovulum, aus einer medianen Reihe von drei Zellen bestehend, die von einer einschichtigen Epidermis umschlossen wird. *c* Durch perikline Teilungen ist die Epidermis zweischichtig geworden. *d* Die innere der beiden Schichten von *c* hat sich nochmals periklin geteilt, die vorderste Zelle der medianen Reihe ist zur Embryosackmutterzelle geworden. Vergr. 480 : 1.

Ansicht nach den Anschein, als ob es sich hier um nicht median getroffene Samenanlagen handle.

In einem folgenden Stadium wird die Epidermis durch perikline Teilungen zweischichtig. Es teilen sich regelmäßig alle Zellen, so daß nicht wie bei *Voyriella* eine Zelle am Scheitel der Samenanlage ungeteilt bleibt (Abb. 20*c*). Durch weitere perikline Teilungen in den Zellen der inneren der beiden erst entstandenen Schichten wird die zentrale Zellreihe schließlich von drei Zellschichten umschlossen. Die vorderste Zelle der medianen Reihe unterscheidet sich durch Größe und Plasmareichtum deutlich von allen übrigen Zellen der Reihe. Es ist die Archesporzelle, die ohne weitere Teilung sogleich zur *Embryosackmutterzelle* wird (Abb. 20*d*). Sie liegt hier drei Zellschichten tief im Gewebe der Samenanlage drin, während sie bei den übrigen Gentianaceen direkt unter der Epidermis gelegen ist. Trotzdem ist sie wie bei den anderen untersuchten Arten die äußerste der Zellen der medianen Reihe, die ursprünglich direkt unter der Epidermis gelegen war.

Weitere Teilungen oder Veränderungen erleiden die äußeren Schichten der Samenanlage bis zur Ausbildung der Samenschale nicht mehr. Eine Umbildung und ein *Hervorwölben* zur Bildung eines *Integumentes*, wie es bei *Voyriella* noch der Fall ist, *vollzieht sich* hier *nicht mehr*. Die Samenanlagen von *Leiphaimos* wurden deshalb schon von JOHOW als *nackt* beschrieben, da ihnen ein Integument fehlt. Die Zellschichten, die hier den Embryosack umschließen, sind aber wohl nicht als einfache Nucellusschichten zu betrachten. Vielmehr *repräsentieren sie Nucellus und Integument zugleich*. Ein Vergleich mit *Voyriella* zeigt, daß die Entstehung peripherer Zellenlagen der Samenanlage bei beiden Pflanzen genau gleich verläuft. Während aber bei *Voyriella* die durch perikline Teilung der Epidermis entstandenen Schichten sich zu einem Integument hervorwölben, unterbleibt diese bei *Leiphaimos*. Ein weiterer Umstand, der ebenfalls dafür spricht, daß die peripheren Schichten der Samenanlage Integument und Nucellus gemeinsam darstellen, ist die spätere Beteiligung der äußersten Schicht bei der Bildung einer Samenschale, die im allgemeinen doch aus dem oder den Integumenten hervorgeht.

GOEBEL (1923, S. 1755—56, und Abb. 1602—03) erwähnt bei der Besprechung nackter Samenanlagen auch diejenigen von *Leiphaimos*. Er hatte Gelegenheit gehabt, *Leiphaimos azureus* genauer zu untersuchen und kommt zu dem Schluß, daß diese Art *keine nackten* Samenanlagen besitzt, sondern *Integument* und *Mikropyle* noch zu erkennen sind. *Leiphaimos azureus* gehört dem Typus der Samenanlagen an, deren Enden zu langen Fortsätzen ausgezogen sind. GOEBEL faßt nun diese als Reste eines Integumentes auf, das auf einer früheren Stufe der Entwicklung stehen geblieben ist. Da die Samenanlagen von *Leiphaimos* als innerlich anatrope anzusprechen sind, so wäre der terminale Auswuchs als Chalazaregion, der basale als Funikulus anzusehen. Eine seitlich des Embryosackes auftretende Einbuchtung in der Samenanlage sieht GOEBEL als Rest einer Mikropyle an. Bei der von mir untersuchten *Leiphaimos*-Art, deren Samenanlagen stets kugelig bleiben, konnte nie in den peripheren Schichten der Samenanlagen eine ähnliche Einbuchtung wahrgenommen werden.

Wenn die Embryosackmutterzelle ins Stadium der Reduktionsteilung tritt, hat sich die ganze Samenanlage schon bedeutend gestreckt. Ihre mediane Reihe besteht nunmehr aus 6—7 Zellen, und die Zellen der äußersten Schicht haben sich gegenüber den übrigen stärker entwickelt.

Erste Stadien der *Reduktionsteilung* wie Synapsis und Spirem konnten mehrfach beobachtet werden. Die Gemini sind kurz und rundlich, die beiden Chromosomen eines jeden Paares deutlich sichtbar. Die Zahl der Gemini beträgt ungefähr 16—20. Die Kernspindel der ersten Teilung liegt parallel zur Längsachse der Zelle und der Samenanlage. Nach der Teilung erfolgt sofort eine Wandbildung (Abb. 21*a*). Die Spindeln des zweiten Teilungsschrittes weichen von der Längsrichtung wenig ab, so daß eine Reihe von vier übereinanderliegenden Zellen entsteht (Abb. 21*b*). Die von JOHOW bei *L. trinitatis* beobachtete Tetradenform (Taf. XVIII, Abb. 54), in welcher die beiden unteren Zellen nebeneinander zu liegen kommen, wurde bei der von mir untersuchten *Leiphaimos*-Art nicht gefunden.

Von den vier Zellen der Tetrade entwickelt sich bei *Leiphaimos* die *oberste*, d. h. die dem *Scheitel* der *Samenanlage* am *nächsten liegende* zum

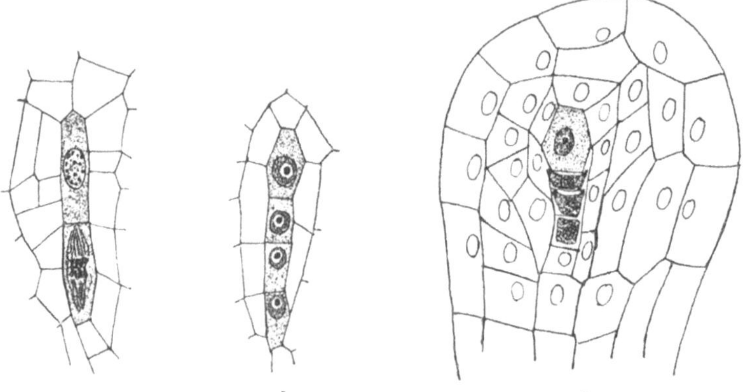

Abb. 21. *Leiphaimos spec.* Stadien aus der Tetradenteilung und Bildung des Embryosackes. *a* Die zwei aus der ersten Teilung der Embryosackmutterzelle hervorgegangenen Tochterzellen; in der unteren bereits der weitere Teilungsschritt. *b* Ausgebildete Tetrade. *c* Einkernige Embryosackzelle und die degenerierten Schwesterzellen, die oberste der Tetradenzellen ist zum Embryosack geworden. Vergr. 480 : 1.

Embryosacke. Die drei übrigen degenerieren rasch, sind aber noch längere Zeit als kleine Reste am unteren Ende des Embryosackes sichtbar (Abb. 21*c*).

Die eigentümliche Tatsache, daß sich die *oberste* der Tetradenzellen zum Embryosacke entwickelt, ist schon von JOHOW für die von ihm untersuchten *Leiphaimos*-Arten richtig erkannt worden. In dieser Beziehung verhalten sich die Samenanlagen von *Leiphaimos*, trotzdem sie äußerlich vollkommen orthotrop sind, genau wie anatrope. Dieses Verhalten, daß die Samenanlagen von *Leiphaimos äußerlich orthotrop, innerlich* aber *anatrop* sind, hat bis jetzt noch keine befriedigende Erklärung gefunden. JOHOW (1885, S. 444) glaubt, daß die Anatropie von vornherein gegeben und nicht an ein bestimmtes Wachstum am Scheitel der Samenanlage gebunden sei. Von vornherein ist es sehr wahrscheinlich, daß die Samenanlagen von *Leiphaimos* von normal anatropen abzuleiten sind. Die große Mehrzahl der autotrophen Gentianaceen, ebenso die saprophytische *Voyria*, weisen diesen Typus auf. Nicht leicht aber ist es, sich vorzustellen, wie aus der normal anatropen Samenanlage sich die orthotrope von *Leiphaimos* entwickelt hat. *Voyriella* liefert offenbar keine Anhaltspunkte, da ihre Samenanlagen nicht nur äußerlich, sondern auch innerlich orthotrop sind und damit einem ganz anderen Typus angehören. Am aufschlußreichsten ist noch der Vergleich mit *Voyria*, die noch völlig anatrope Samenanlagen besitzt, bei der aber die Ausbildung des Integumentes schon vereinfacht ist. Die mit der Anpassung an die saprophytische Lebensweise offenbar einhergehende Reduktion im Bau der Samenanlagen äußert sich zunächst in der Vereinfachung des äußeren Baues, in der Vereinfachung von Integument und Nucellus. Die Ausbildung eines Integumentes und die Umbiegung des jungen Ovularhöckers zu anatropen Samenanlagen unterbleiben, während die Polarität im Innern unverändert bleibt und daher der Embryosack noch die ursprüngliche Lagerung beibehält.

Ein Vergleich von Querschnitten durch Fruchtknoten von *Leiphaimos* und *Voyria* zeigt uns eine auffallende Vermehrung der Samenanlagen bei der ersten Art. Bei *Voyria* stehen auf einem Plazentaast in mittlerer Höhe des Fruchtknotens durchschnittlich 14—18 Samenanlagen, bei *Leiphaimos* deren 24—28. Bei *Voyria* steht jede Samenanlage isoliert, von der nächsten entfernt, so daß jede genügend Platz zur anatropen Wendung des Scheitels findet. Bei *Leiphaimos* stehen die Samenanlagen so dicht nebeneinander, daß sie sich seitlich berühren und drängen. Eine Krümmung wäre hier schon infolge Platzmangels unmöglich (vgl. Abb. 6*b* mit 12*b*).

Im einkernigen Embryosacke tritt bald eine Teilung des Kernes ein. Die Spindel scheint aber keine bestimmte Richtung in der Zelle einzunehmen. Die beiden Kerne liegen in verschiedener Lage nebeneinander (Abb. 22*a*). Später wandern sie an die beiden Pole des Embryosackes, dessen Wachstum erst jetzt einsetzt. Er streckt sich bis auf mehr als doppelte Länge. Die beiden Kerne sind an den Polen in Plasmakalotten eingebettet, während das Zentrum der Zelle von einer großen Vakuole ausgefüllt wird (Abb. 22*b*). Vor der Streckung hat der zweikernige Embryosack eine Länge von etwa 21 μ, während er nachher 73 μ mißt. An Breite hat er nur wenig zugenommen.

Bei der zweiten Teilung der Kerne im Embryosack liegen die Spindeln ungefähr senkrecht zur Längsachse der Zelle und der ganzen Samenanlage. Die beiden Kerne jedes Polendes liegen genau auf gleicher Höhe nebeneinander (Abb. 22*c*). Die Richtung der Spindeln im letzten Teilungsschritt konnte nicht ermittelt werden. Die vier Kerne an jedem Pol liegen dicht gedrängt nebeneinander oder in Paaren etwas übereinander (Abb. 22*d*). Das Innere des großen Embryosackes wird vom Saftraum eingenommen, der von einem dünnen Plasmabelag umgeben ist. Der Embryosack nimmt auf diesem Stadium noch bedeutend an Größe zu. Er hat jetzt eine Länge von 100 μ und ist in der Mitte 54 μ breit.

Von den beiden Vierergruppen des Embryosackes entwickelt sich diejenige des *unteren Endes,* die also dem Funikulus am nächsten liegt, *zum Eiapparat,* während die Antipodengruppe in der Plasmakalotte des oberen Endes, unter dem Scheitel der Samenanlage, entsteht. Es entspricht dieses Verhalten durchaus der Lagerung des Embryosackes in einer typisch anatropen Samenanlage.

Der *Eiapparat* hat in allen normal entwickelten Blüten von *Leiphai-*

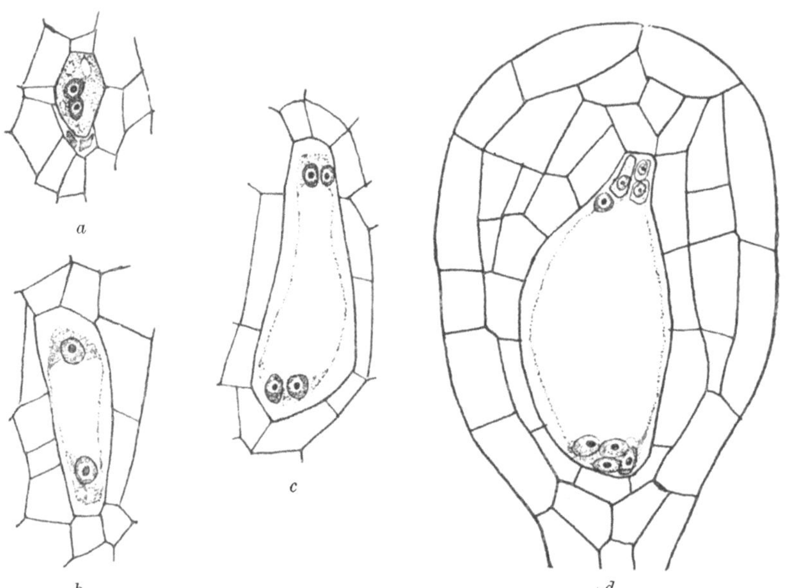

Abb. 22. *Leiphaimos spec.* Stadien aus dem Entwicklungsgang des achtkernigen Embryosackes. *a* Zweikerniger, noch ungestreckter und *b* langgestreckter Embryosack. *c* Vierkerniger und *d* achtkerniger Embryosack mit großem zentralem Saftraum. Vergr. 378 : 1

mos dasselbe Aussehen. Die beiden *Synergiden* sind etwas kürzer und breiter als bei *Voyria.* Plasma und Kern nehmen die Basis der Zelle, eine größere Vakuole deren Scheitel ein (Taf. V, Abb. 5—7). Ein Fadenapparat konnte nie wahrgenommen werden.

Die *Eizelle* liegt über dem Scheitel der Synergiden in einer auch den sekundären Embryosackkern enthaltenden Plasmaansammlung. Die Verschmelzung der beiden *Polkerne* findet offenbar früh statt. Sie konnte nur ein einziges Mal beobachtet werden. Sie vollzieht sich am Eipol des Embryosackes direkt unterhalb des Eikernes (Taf. V, Abb. 5). Es wandert also auch bei *Leiphaimos* der Polkern des Antipodenendes im Plasmawandbelag des langgestreckten Embryosackes bis zum Eiende, wo er seinen Partner findet. Dieser hat sich seit seiner Bildung gar nicht vom Platze bewegt. Das Verschmelzungsprodukt erscheint vollkommen einheitlich und weist stets nur einen Nukleolus auf, nur seine Größe läßt die Doppelnatur erkennen (Taf. V, Abb. 6 und 7).

Die *Antipoden* sind wie bei den anderen untersuchten Arten in Dreizahl vorhanden. Sie bleiben klein und gehen kurz nach der Befruchtung zugrunde.

d) *Cotylanthera tenuis.*

Bau und Entwicklung der Samenanlagen von *Cotylanthera* sind schon von FIGDOR (1897, S. 233—238) beschrieben worden. Er erkannte, daß sie in den Hauptzügen mit *Leiphaimos* übereinstimmen. Da sich seine Beschreibung auf die wesentlichsten Stadien der Entwicklung be-

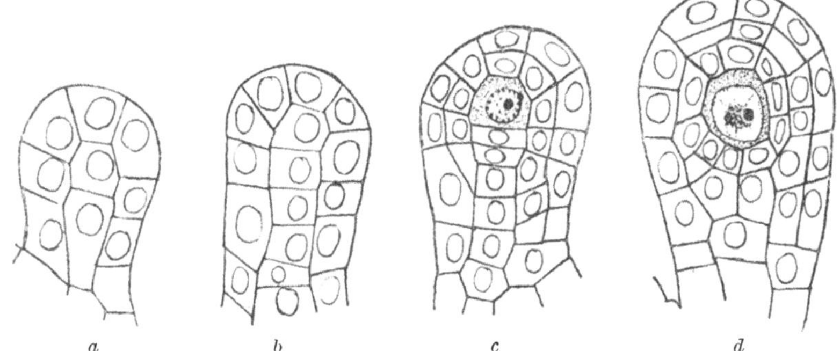

Abb. 23. *Cotylanthera tenuis.* Stadien aus der Entwicklung der Samenanlagen. *a* und *b* Junge Samenanlagen; aus der medianen Zellreihe und einschichtiger Epidermis bestehend. *c* Etwas ältere Samenanlage mit Embryosackmutterzelle. Die Epidermis ist durch perikline Teilung schon zweischichtig geworden. *d* Samenanlage mit drei dermalen Schichten und Embryosackmutterzelle. Vergr. 600 : 1.

schränkte, erscheint es berechtigt, hier noch einmal etwas eingehender den ganzen Entwicklungsgang darzustellen.

Die ersten Stadien der Entwicklung verlaufen gleich wie bei *Leiphaimos* und den anderen untersuchten Arten. Jede Samenanlage nimmt ihren Ursprung, wie schon FIGDOR richtig erkannt hat, aus Epidermis und subepidermaler Schicht der Plazenta. Durch Hervorwölbung einer Zelle der subepidermalen Schicht gegen die Epidermis entsteht der schon mehrfach beschriebene kleine Höcker, in dem eine mittlere Reihe von 4—6 Zellen von einer einschichtigen Epidermis umschlossen wird (Abb. 23*a* und *b*). Bei *Cotylanthera* ist diese mediane Zellreihe, wie schon von FIGDOR erwähnt wird, besonders stark entwickelt. Wie bei den anderen Arten wird wieder die vorderste Zelle der medianen Reihe zur *Embryosackmutterzelle* (Abb. 23*c*).

Wie bei *Leiphaimos* treten gleichzeitig in allen Oberflächenzellen des Ovularscheitels perikline Teilungen auf (Abb. 23*c* und *d*). Er wird zwei-

und schließlich dreischichtig. Die ursprünglich subepidermale Embryosackmutterzelle ist nunmehr von 3—4 Zellschichten überlagert. Weitere Teilungen oder Umbildungen erleiden diese Schichten nicht mehr. Wie bei den *Leiphaimos*-Arten *unterbleibt* die Hervorwölbung eines *Integumentes.* Aus den schon bei der Besprechung von *Leiphaimos* erwähnten Gründen darf trotzdem die Samenanlage nicht einfach als nackt bezeichnet werden, wie es z. B. auch FIGDOR getan hat. Die peripheren Schichten am Scheitel der Samenanlage vertreten Integument und Nucellus zugleich.

Auch die *Krümmung* dieser einfachen *Samenanlage unterbleibt.* Die Samenanlagen stehen auch bei *Cotylanthera* dicht gedrängt, sich gegenseitig berührend und in der Entwicklung hemmend, an den Plazenten.

Von besonderem Interesse sind der Verlauf der *Tetradenteilung* der *Embryosackmutterzelle* und die Ausbildung des Embryosackes. Nachdem das Studium der Pollenentwicklung ergeben hatte, daß alle Pollenkörner degenerieren und eine Befruchtung deshalb ausgeschlossen ist, mußte auch genau untersucht werden, wie die Ausbildung des Embryosackes erfolgt, insbesondere ob ihr eine Reduktion der Chromosomenzahl vorausgeht.

Die ersten Stadien der Reduktionsteilung verlaufen durchaus normal. Einwandfrei konnte eine typische *Synapsis* festgestellt werden (Taf. III, Abb. 14). Das ganze Chromatin- und Liningerüst des Kernes liegt an der Kernwand zusammengeballt, der Nukleolus ähnlich wie bei der Synapsis der Pollenmutterzellen meist außerhalb des Knäuels. In einem darauffolgenden *spiremähnlichen Stadium* ist der ganze Kernraum von einem einfachen oder doppelten Faden durchzogen, auf dem eine Menge kleiner Chromatinkörner sichtbar sind (Taf. III, Abb. 15). Vielfach macht es den Anschein, als ob diese paarweise nebeneinander liegen. Es folgt ein stark an eine *Diakinese* erinnerndes Stadium: Im Kernraum verteilt liegen 32—36 große Chromosomen, die alle schon der Länge nach geteilt sind (Taf. III, Abb. 16). Die Spalthälften liegen deutlich getrennt nebeneinander. Man könnte leicht auf den Gedanken kommen, daß es sich hier um die homologen Chromosomen von Gemini handle, doch lehrt ein Vergleich mit den entsprechenden Stadien der Pollenmutterzellen, daß dies nicht der Fall sein kann. Die Zahl der hier auftretenden Paare entspricht der diploiden Zahl der Chromosomen, die haploide beträgt 16—18. Die Partner eines jeden Paares sind also *längsgespaltene* Chromosomen. Das in der Diakinese sonst übliche Konjugieren ganzer Chromosomen zu Paaren unterbleibt hier. Die Einordnung der längsgespaltenen Chromosomen in eine Äquatorialplatte konnte mehrfach beobachtet werden (Taf. III, Abb. 17). Diese liegt stets quer zur Längsachse der Embryosackmutterzelle und der ganzen Samenanlage. In der *Anaphase der Teilung weichen Längshälften von Chro-*

mosomen auseinander. Der ersten Kernteilung folgt sofort eine Zellteilung nach.

Jede der beiden Tochterzellen schickt sich sofort zum zweiten Teilungsschritt an. Die homöotypischen Teilungen weisen wieder 32 Chromosomen auf, die alle der Länge nach geteilt sind. Das Teilungsbild stimmt völlig mit demjenigen der ersten Teilung überein, mit dem einzigen Unterschied, daß die Chromosomen wesentlich kleiner sind (Taf. III, Abb. 18).

Die beiden Äquatorialplatten stehen, wie in der ersten Teilung, wieder mehr oder weniger quer zur Zelle, so daß durch den zweiten Teilungsschritt eine Reihe von vier übereinanderliegenden Zellen gebildet wird (Abb. 24*c*).

Der Verlauf der Tetradenteilung in den Samenanlagen von *Cotylanthera* stimmt in vielen Punkten mit der Beobachtung an anderen apogamen Arten überein. Wie bei den *Eualchemillen* (STRASBURGER

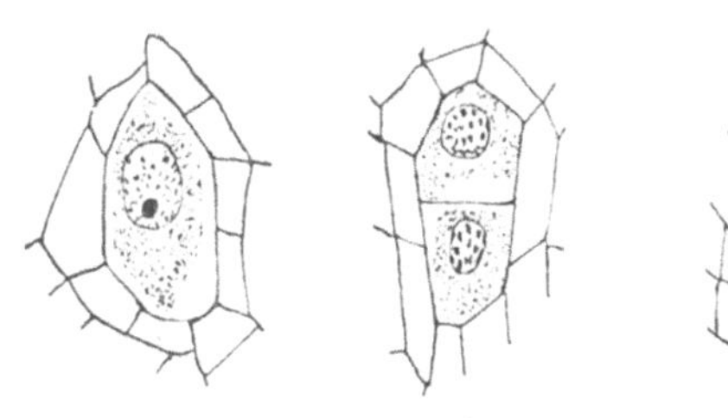

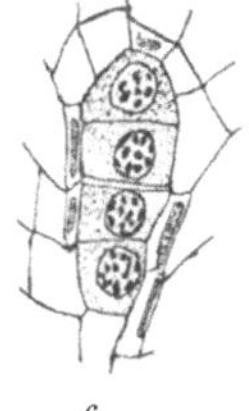

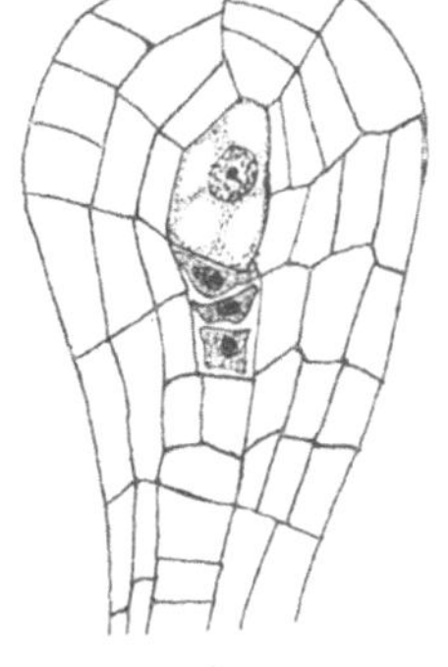

a *b* *c* *d*

Abb. 24. *Cotylanthera tenuis.* Stadien aus der Tetradenteilung der Embryosackmutterzelle. *a* Embryosackmutterzelle mit Kern im Spiremstadium. *b* Die durch die erste Teilung der Embryosackmutterzelle entstandenen Tochterzellen. *c* Tetrade. *d* Einkerniger Embryosack mit den degenerierenden Schwesterzellen, die oberste der Tetradenzellen wird zum Embryosacke. Vergr. 600 : 1.

1905, S. 105—113) und *Taraxacum* (JUEL 1905, S. 5—9) beginnt sie mit Stadien ausgeprägt heterotypischen Charakters, Synapsis und Spirem treten auf. Erst die Diakinese trägt nicht mehr heterotypischen Charakter; eine Paarung ganzer Chromosomen findet nicht statt. Schon die erste Teilung ist homöotypisch, nicht ganze Chromosomen, sondern nur Spalthälften weichen auseinander. Da in der Diakinese eine Paarung homologer Chromosomen unterbleibt, wird die Chromosomenzahl weder durch den ersten noch den zweiten Teilungsschritt reduziert. Jede Zelle der Tetrade erhält die diploide Zahl von 32—36 Chromosomen. Dagegen führen die zwei aufeinanderfolgenden Teilungen zur Bildung einer *äußerlich* typischen Tetrade. Wie bei anderen apogamen Angiospermen kann ein Anzeichen der modifizierten Verhältnissen darin erblickt werden, daß in den Samenanlagen desselben Fruchtknotens sich niemals alle Embryosackmutterzellen im gleichen Entwicklungsstadium befinden. Neben

Embryosackmutterzellen, deren Kerne erst im Synapsisstadium sind, finden sich fertige Tetraden und sogar einkernige Embryosäcke in benachbarten Samenanlagen.

Von den vier Zellen einer Tetrade entwickelt sich, wie bei den *Leiphaimos*-Arten, die oberste, dem Scheitel der Samenanlage nächstliegende zum Embryosacke (Abb. 24*d*). Auch bei *Cotylanthera* sind die Samenanlagen *äußerlich orthotrop, innerlich* aber *anatrop*.

In der zum Embryosack auswachsenden Zelle liegt der Kern meist median, durch Plasmabänder mit dem Wandbelag verbunden (Abb. 24*d*). Den Hauptteil des Zellraumes nehmen 3—4 größere Vakuolen ein.

Die Spindel der ersten Teilungsfigur scheint wie bei *Leiphaimos* keine

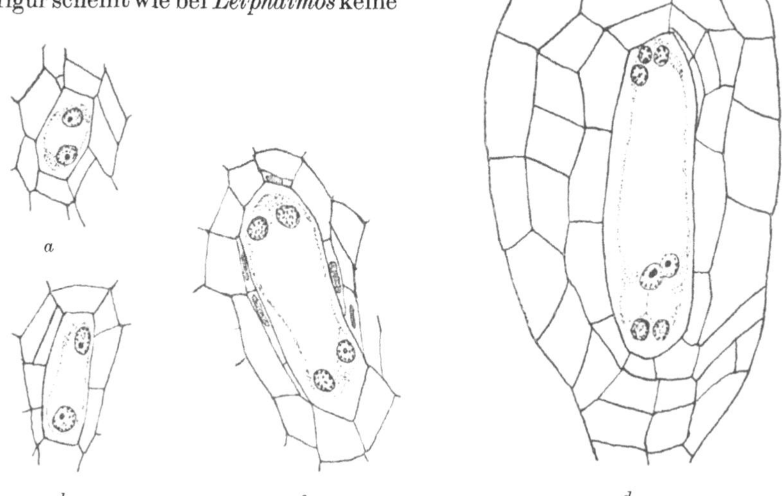

Abb. 25. *Cotylanthera tenuis*. Ausbildung des achtkernigen Embryosackes. *a* Zweikerniger Embryosack vor, *b* nach dem starken Wachstum der Zelle. *c* Vier- und *d* achtkerniger Embryosack; die Kerne liegen in Plasmakalotten an den Schmalseiten der Zelle, das Zentrum ist von einem großen Saftraum erfüllt. Vergr. 600 : 1.

bestimmte Lage im Embryosacke inne zu halten. Die beiden Tochterkerne liegen zunächst dicht nebeneinander. Später weichen sie auseinander an die Schmalseiten der Zelle, das Zentrum wird dann von einem einheitlichen Saftraum erfüllt (Abb. 25*a* und *b*). Auch im Verlaufe dieser und der nachfolgenden Teilung der Kerne im Embryosacke wurden wieder zwischen 32—36 längsgespaltene Chromosomen gezählt. Wie bei *Leiphaimos* setzt das Wachstum des Embryosackes erst im zweikernigen Stadium ein. Er streckt sich bis zur nächsten Teilung der Kerne bis fast auf die doppelte Länge (Abb. 25*b*). Im zweiten Teilungsschritt stehen die Spindeln quer zur Längsachse der Zelle, an jedem Pole bleiben die entstehenden Kerne nebeneinander oder nur wenig übereinander (Abb. 25*c*).

Der aus der dritten Teilung resultierende achtkernige Embryosack ist gegenüber dem einkernigen bedeutend vergrößert und namentlich in die Länge gestreckt (Abb. 25*d*). Die Länge eines zweikernigen Embryosackes vor der Streckung beträgt 19—20 μ, der achtkernige Embryosack ist 88—90 μ lang, seine Breite ist gleichzeitig verdoppelt worden.

Während bei den drei anderen untersuchten Arten alle Samenanlagen eines Fruchtknotens sich in einem annähernd gleichen Stadium befinden, kommen bei *Cotylanthera* in nebeneinander liegenden Samenanlagen des gleichen Schnittes oft ganz verschiedene Stadien vor. Neben einkernigen Embryosäcken mit noch erhaltenen Schwesterzellen finden sich z. B. langgestreckte vier- bis achtkernige Embryosäcke. Merklich zurück in der Entwicklung sind immer die Samenanlagen, die am umgebogenen Rande der Plazenten längs der Scheidewand stehen. Sie machen gewöhnlich erst die Tetradenteilung durch, wenn die übrigen schon achtkernige Embryosäcke enthalten. Ähnliche Verschiedenheiten in der zeitlichen Entwicklung der Samenanlagen sind z. B. von Ernst und Bernard (1912, S. 246) bei der apogamen *Burmannia coelestis* beobachtet worden.

Wie bei *Leiphaimos* entsteht auch bei *Cotylanthera* der Eiapparat an der morphologisch *basalen* Schmalseite des Embryosackes.

Die *Synergiden* sind an ihrem Scheitel stumpf, nicht wie bei anderen Arten zugespitzt. Ihre Kerne liegen basalwärts, der Scheitel führt eine Vakuole (Abb. 25*d*). Die *Eizelle* liegt über dem Scheitel der Synergiden. In ihrer Nähe befindet sich der obere *Polkern*. Eine Verschmelzung der beiden Polkerne findet auch bei *Cotylanthera* statt. Sie vollzieht sich in der Mitte des Embryosackes, wohin beide Kerne sich entgegen wandern (Abb. 34*a*). Da dieses Stadium nur selten war, konnte nicht mit völliger Sicherheit festgestellt werden, ob die Verschmelzung der beiden Kerne eine vollkommene ist, oder ob die beiden Kerne sich nur dicht nebeneinander legen, wie dies für verschiedene apogame Arten beschrieben worden ist. Es scheint mit jedoch, daß bei *Cotylanthera* eine vollständige Verschmelzung der Polkerne stattfindet. Bei *Antennaria dioeca* L. z. B. unterbleibt sie, während sie bei den apogamen Alchemillen normal stattfindet. Bei den drei anderen von mir untersuchten saprophytischen Arten verschmelzen die Polkerne immer am Eiende des Embryosackes, unmittelbar unterhalb der Eizelle. Die beiden Kerne, mit denen die Spermakerne eines eingedrungenen Pollenschlauches verschmelzen sollen, liegen also dicht nebeneinander. Bei *Cotylanthera* dagegen, die apogam ist, liegen Eikern und sekundärer Embryosackkern weit voneinander getrennt.

Auch bei *Cotylanthera* bleiben die Antipoden klein und vergänglich.

Wie bei *Voyria* sind auch bei *Cotylanthera* in entwickelten Samenanlagen die Zellen der Plazenten, sowie der peripheren Schichten der

Samenanlagen mit Stärke erfüllt. Einzelne Zellen erscheinen dermaßen vollgepfropft, daß es kaum möglich ist, ihre anderen Inhaltsbestandteile zu erkennen. *Cotylanthera* führt überhaupt in den Geweben aller Organe reichlich Stärke, was schon FIGDOR erwähnt hat.

V. Bestäubung und Befruchtung.

Über die Bestäubungs- und Befruchtungsverhältnisse der saprophytischen Blütenpflanzen, insbesondere der Gentianaceen, vermochten die älteren Autoren, wie JOHOW erst wenig zu berichten. Trotzdem er weder das Eindringen der Pollenschläuche in Narbe und Griffel, noch den Befruchtungsvorgang direkt nachzuweisen vermochte, nahm JOHOW ohne weiteres an, daß bei sämtlichen saprophytischen Gentianaceen die Befruchtung in normaler Weise stattfinde. Spätere Untersuchungen haben zur Feststellung geführt, daß es außerordentlich schwierig ist, den sicheren Nachweis für apomiktische oder amphimiktische Fortpflanzung irgendeiner Angiosperme zu erbringen. Auch bei den saprophytischen Gentianaceen war dieser Nachweis, wie ich mich überzeugen mußte, nur auf Grund eingehender und mühsamer Untersuchungen möglich.

a) *Voyria coerulea.*

Bei *Voyria coerulea* findet eine Bestäubung und Befruchtung sicher statt. Auf der Narbe offener Blüten finden sich auf und zwischen den Papillen stets Pollenkörner in großer Zahl vor. Da das Material etwas spärlich war, konnte nicht mit Sicherheit festgestellt werden, ob der Pollen ausschließlich von den Antheren der gleichen Blüte stammt, oder ob auch Fremdbestäubung erfolgt. Ein direktes Hinüberwachsen von Pollenschläuchen aus den Antheren auf die Narbe, wie dies für andere Arten nachgewiesen ist, ließ sich nicht feststellen. Alle daraufhin untersuchten Blüten waren schon zu alt. Die Pollenschläuche waren schon in den Fruchtknoten hinuntergewachsen und auf der Narbe nur noch entleerte Pollenkörner sichtbar.

Die Frage ist also noch offen, ob *Voyria* streng autogam ist, wie die anderen untersuchten Arten, bei denen eine Bestäubung noch stattfindet, oder ob auch Fremdbestäubung vorkommt. Für die Möglichkeit der Autogamie spricht der Umstand, daß sich öffnende Antheren etwa auf gleicher Höhe mit der Narbe stehen. Die äußeren Pollenfächer, die etwas höher als die inneren stehen, reichen gerade bis zum Rande der trichterförmigen Narbenoberfläche. Die Antheren springen über der Trennungswand der beiden Pollenfächer jeder Theke auf. Im obersten Teil der Antheren sind die beiden äußeren Pollenfächer miteinander verschmolzen und öffnen sich gemeinsam an der Spitze. Daher können sehr leicht Pollenkörner auf die Oberfläche der Narbe derselben Blüte gelangen. Abb. 3*a* zeigt die gegenseitige Stellung von Narbe und Antheren in einer jungen Blüte; in älteren Blüten ist der Abstand zwischen der Antherenspitze und dem Narbenrande noch geringer.

In den Griffeln der untersuchten Blüten konnten keine Pollenschläuche mehr angetroffen werden, dagegen befanden sich solche in großer Zahl im leitenden Gewebe des Fruchtknotens. Hier ließen sie sich sehr leicht feststellen. Nach einer Färbung mit Safranin-Gentianaviolett heben sich die Pollenschläuche in Fruchtknotenquerschnitten als tiefblaue Punkte deutlich von den Kernen und Zellwänden des leitenden Gewebes ab. Selbst im leitenden Gewebe von Fruchtknoten, deren Samenanlagen sich erst im Stadium des vierkernigen Embryosackes befanden, konnten Pollenschläuche in großer Zahl festgestellt werden.

Im Griffel und im Fruchtknoten wachsen die Pollenschläuche *endotrop* im leitenden Gewebe. Im Gebiete der Samenanlagen treten sie aus dem Leitgewebe aus und wachsen *ektotrop* den Epidermiszellen der Plazenta entlang bis zur Mikropyle.

In vielen Samenanlagen dringt der Pollenschlauch in eine der beiden Synergiden ein, die dann sofort ein verändertes Aussehen bekommt, während die andere völlig intakt und unverändert bleibt. In einigen wenigen Embryosäcken waren auch nach dem Eindringen des Pollenschlauches beide Synergiden unverändert erhalten geblieben. Sie lagen als kleine dicht mit Plasma erfüllte Zellen oberhalb der befruchteten Eizelle. Von den Synergiden unbefruchteter Embryosäcke unterschieden sie sich darin, daß sie keine Vakuolen mehr besaßen (Taf. IV, Abb. 4). Der Pollenschlauch ist in diesen Fällen offenbar an den beiden Synergiden vorbei in den Embryosack eingedrungen. Ähnliches ist in der Literatur schon verschiedentlich gemeldet worden, so z. B. von LAGERBERG (1909, S. 57 und 58 und Abb. 12—14 und Taf. III, Abb. 38*a*, *b*, und 39) für *Adoxa Moschatellina* L. In Übereinstimmung mit den Befunden LAGERBERGS an *Adoxa* ist auch meine Wahrnehmung, daß Pollenschläuche, die nicht in eine Synergide eingedrungen sind, in ihrem Innern noch einen nukleolusartigen, stark färbbaren Körper aufweisen, der als der Rest des vegetativen Kernes zu deuten ist. Ist hingegen der Pollenschlauch in eine Synergide eingedrungen, so sind in diesen stets zwei solcher Kernreste vorhanden, der vegetative Kern des Pollenschlauches und der Synergidenkern (Taf. IV, Abb. 2). Vorgänge der Doppelbefruchtung im Embryosacke von *Voyria coerulea* konnten nur in ihren letzten Phasen wahrgenommen werden. Verschiedene Präparate wiesen Eikern und sekundären Embryosackkern kurz nach der Verschmelzung mit den Spermakernen auf (Taf. IV, Abb. 2 und 4).

Nach der Befruchtung liegt die Eizelle der Wand des Embryosackes dicht an. Ihr Zygotenkern ist von dichtem Plasma umschlossen (Taf. IV, Abb. 2—4).

b) *Voyriella parviflora.*

Bei *Voyriella* findet wie bei *Voyria* eine normale Bestäubung und Befruchtung statt. Der bestäubende Pollen stammt stets aus den Antheren derselben Blüte. *Voyriella* ist streng *autogam.* Es sind schon verschiedene andere Saprophyten bekannt, bei denen die Bestäubung ebenfalls rein autogam ist. Unter den Burmanniaceen z. B. kommen autogame Arten in den Gattungen *Burmannia*, *Apteria* und *Dictyostegia* vor. Innerhalb der Gattung *Burmannia* ist obligate Autogamie von Ernst und Bernard (1912, S. 172—177) bei drei Arten nachgewiesen worden. Ferner fand Wirz (1910, S. 14—18) Autogamie bei der saprophytisch lebenden Polygalacee *Epirrhizanthes elongata* Bl.

Zur Zeit der Anthese steht die Narbe von *Voyriella* auf gleicher Höhe wie die Antheren. Die langen Narbenpapillen berühren mit ihrem Scheitel zum Teil direkt den inneren Rand der Antheren (Abb. 4*c*).

Die Antheren springen in bekannter Weise über der Mittelwand zwischen den Pollenfächern jeder Theke auf. Ein Teil der Pollenkörner kommt in direkte Berührung mit den Narbenpapillen, die den Rand der Antheren erreichen (Abb. 4*c*). Die Keimung der Pollenkörner beginnt bereits im Innern der Pollensäcke. Nach ihrem Aufspringen wachsen die Pollenschläuche direkt auf die Narbenpapillen hinüber. Auf Längsschnitten durch die Blüte sieht man sie in großer Zahl aus den Pollensäcken der Antheren heraus der Narbe entgegenwachsen. In dem in Abb. 26 dargestellten Schnitte sind gerade zwei Antheren getroffen, in denen zahlreiche Körner und Pollenschläuche sichtbar sind. Aus beiden Antheren haben schon zahlreiche Pollenschläuche den Weg schräg abwärts zu den Narbenpapillen und in den Griffel gefunden.

Im Griffel und im obersten Teile des Fruchtknotens wachsen die Pollenschläuche *endotrop* im leitenden Gewebe. Weiter unten im Fruchtknoten verschwindet das leitende Gewebe allmählich. Die Pollenschläuche wachsen immer mehr gegen die innere Epidermis der Fruchtknotenwand hin und schließlich erfolgt deren Leitung *ektotrop*, den Epidermiszellen der Plazenta entlang. Von dort aus finden sie den Weg zu den Samenanlagen deren Funikulus und Integumentaußenseite entlang zur Mikropyle.

Das Verhalten des Pollenschlauches im vordersten Teile des Embryosackes, der von den beiden langgestreckten Synergiden ausgefüllt ist, war nicht recht zu übersehen. Namentlich konnte nicht sicher festgestellt werden, ob er in eine Synergide eindringt, oder ob er zwischen den beiden Synergiden abwärts wächst. Jedenfalls ist nach seinem Durchgange nicht mehr zu erkennen, was Synergiden- und was Pollenschlauchplasma ist. Einzelne Bilder erwecken auch die Vorstellung, es könnte das Plasma der Synergiden ganz oder teilweise durch den Pollenschlauch ins Innere des Embryosackes hinunter gedrückt worden sein. Jedenfalls gelangt der Pollenschlauch bis in den unteren weiten Teil des

Embryosackes direkt über die Eizelle und den sekundären Embryosackkern, wo er erst platzt (Taf. IV, Abb. 9). Der Übertritt der beiden Spermakerne zu Eikern und sekundärem Embryosackkern konnte nicht verfolgt werden, doch waren Stadien erhältlich, die eine unmittelbar vorangegangene Verschmelzung erkennen ließen. Der Keimkern weist zwei und der sekundäre Embryosackkern drei Nukleolen auf (Taf. IV, Abb. 10, und Taf. V, Abb. 1). In dem Taf. IV, Abb. 10, dargestellten

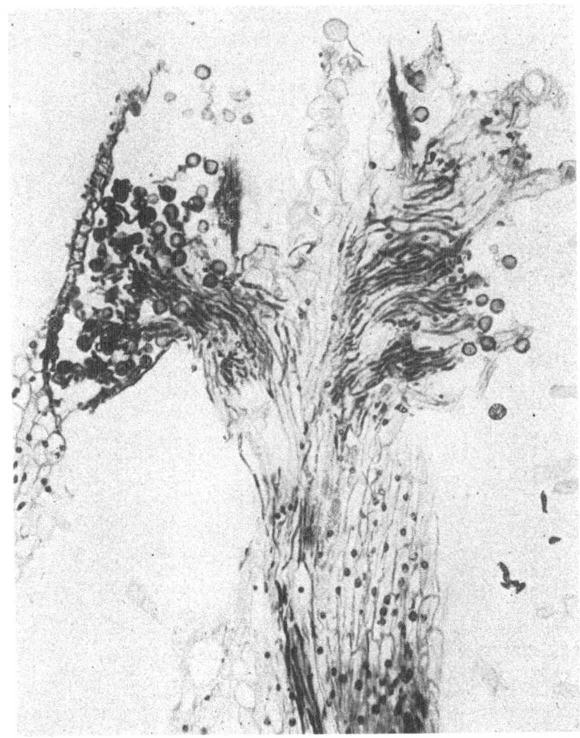

Abb. 26. *Voyriella parviflora.* Längsschnitt durch den oberen Teil einer offenen Blüte mit Antheren, Griffel und Narbe. Aus den geöffneten Antheren wachsen die Pollenschläuche direkt auf Narbe und Griffel. Vergr. 80 : 1.

Stadium ist das Verschmelzungsprodukt von sekundärem Embryosackkern und Spermakern noch nicht vollkommen kugelig und läßt so deutlich die eben erfolgte Vereinigung mit einem Spermakern erkennen.

Eine vollständige Verschmelzung der väterlichen und mütterlichen Chromatinmassen scheint dem Befruchtungsakt erst spät nachzufolgen. Noch lange führt der Kern der Keimzelle deutlich zwei Nukleolen. Im sekundären Embryosackkern scheint sie überhaupt nicht zu erfolgen. In jedem der später auftretenden Endospermkerne entstehen immer wieder drei Nukleolen (Abb. 30 und 31 und Taf. IV, Abb. 12). Viele Endospermkerne sind auch in der äußeren Gestalt mehr oder weniger dreiteilig. Ähnliches ist schon von ERNST und BERNARD (1912, S. 178 bis 179) für *Burmannia candida* beschrieben worden.

c) *Leiphaimos spec.*

Auch bei der von mir untersuchten *Leiphaimos*-Art finden Bestäubung und Befruchtung statt. Sie ist *streng autogam*. Wie bei *Voyriella*

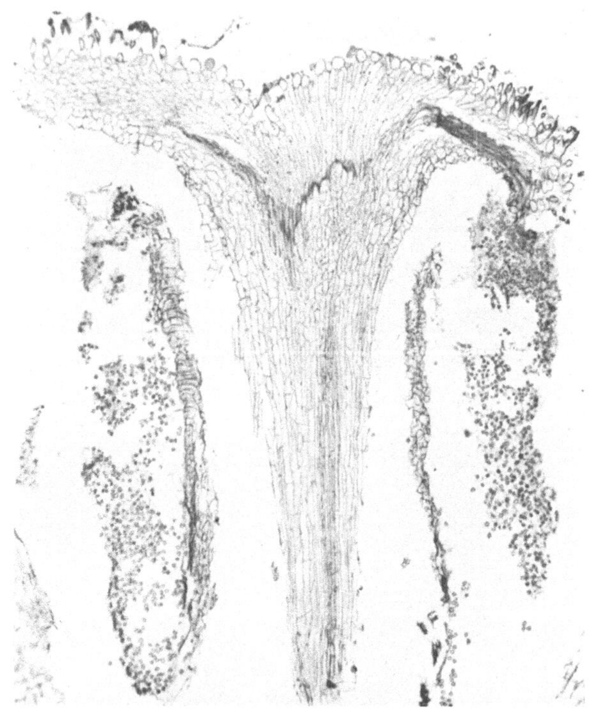

Abb. 27. *Leiphaimos spec.* Längsschnitt durch Narbe, Griffel und Antheren. Rechts berührt der herabgebogene Narbenrand die Spitze der Anthere, wodurch ein Eindringen der Pollenschläuche ermöglicht wird. Vergr. 42 : 1.

stammt der bestäubende Pollen ausschließlich aus den eigenen Antheren der Blüte.

Die Antheren stehen tiefer als die breite Narbenfläche, die allseits bis zum Rande der Kronröhre reicht und die Antheren vollständig überdeckt. Ihre Spitzen reichen bis nahe an die Unterseite der Narbe oder berühren diese sogar bisweilen (Abb. 27). Die Antheren öffnen sich in der für *Voyria* und *Voyriella* beschriebenen Weise. Ein Teil der entleerten Pollenkörner kommt in unmittelbare Berührung mit der Narbenunterseite. Einen innigen Kontakt zwischen Narbe und Antheren vermitteln Ausbiegungen des Narbenrandes gegen die darunterliegenden Antheren hin. Gelegentlich ragen die äußersten Papillen der Narbenfläche in die geöffneten Antheren hinein.

Die Pollenschläuche, deren Entwicklung schon im Innern der Antheren begonnen hat, können nun direkt in das leitende Gewebe der Narbe hinüberwachsen. In Abb. 27 ist das als dunkle Stelle rechts unterhalb des Narbenrandes erscheinende leitende Gewebe förmlich mit Pollenschläuchen vollgepfropft. Einzelne Pollenschläuche wachsen zunächst dem Narbenrande entlang aufwärts und dringen erst höher oben zwischen den Papillen hindurch ins Innere gegen das leitende Gewebe vor. Der größte Teil der oberen Narbenfläche bleibt aber unbenutzt. Das Eindringen der Pollenschläuche vollzieht sich in der Regel nur am äußersten Rande. Die besondere Stellung und die Umgestaltung der Narbe haben hier Verhältnisse geschaffen, welche die Autogamie in jeder Hinsicht begünstigen. Vielleicht gelangen auf diese Weise nur die Schläuche von Pollenkörnern aus dem obersten Teile der Pollenfächer ins Innere der Narbe, während diejenigen aus dem unteren Teil der Pollensäcke davon ausgeschlossen sind. Dem entspricht die Beobachtung, daß nie vollständig entleerte Antheren vorkommen und zu einer Zeit, da die entleerten Pollenkörner im oberen Teil der Antheren schon in Degeneration begriffen sind, sich im unteren Teile der Pollensäcke immer noch keim- und befruchtungsfähiger Pollen vorfindet, der wahrscheinlich zugrunde geht, ohne seine Bestimmung erfüllt zu haben.

Die Leitung der Pollenschläuche erfolgt im Griffel und Fruchtknoten *endotrop* im leitenden Gewebe. In fast jeder offenen Blüte fanden sich Pollenschläuche an jeder Stelle des leitenden Gewebes. Am besten und zahlreichsten waren sie wiederum im Fruchtknoten zu erkennen, wo die leitenden Gewebe davon ganz erfüllt sind.

Vom leitenden Gewebe der Fruchtknotenwand aus wachsen die Pollenschläuche endotrop durch das Gewebe der Plazenten zu den Samenanlagen. Am Grunde der Samenanlagen treten sie in den Funikulus über und durchziehen diesen und die Nucellusbasis endotrop bis zur Basis des Embryosackes. Bei *Leiphaimos erfolgt* also *die Leitung des Pollenschlauches von der Spitze der Narbe bis zum Embryosacke vollständig endotrop.* Diese Wachstumsart steht mit den besonderen morphologischen Verhältnissen durchaus im Einklang. Ektotropes Wachstum im Fruchtknoten wäre hier zwecklos, da die Samenanlagen keine Mikropyle aufweisen und der Embryosack so gelagert ist, daß seine Eizelle durch endotropes Wachstum von der Plazenta am einfachsten erreicht wird. Ferner stehen die Samenanlagen so dicht nebeneinander, daß zwischen ihnen gar kein Raum für Pollenschlauchwachstum vorhanden wäre. Die große Zahl und dichte Stellung der Samenanlagen und die besondere

Lage des Embryosackes lassen die durchweg endotrope Leitung der Pollenschläuche ganz besonders zweckmäßig erscheinen.

Da Eikern und sekundärer Embryosackkern am Scheitel des Embryosackes liegen, wächst der Pollenschlauch nur ein kurzes Stück in denselben hinein. Die Eintrittsstelle liegt in der Regel nicht genau median, sondern etwas seitlich, meistens oberhalb einer Synergide. Er dringt wahrscheinlich in diese selbst ein. Dafür spricht der Umstand, daß nach der Befruchtung der Inhalt der einen Synergide degeneriert, während die andere gleichzeitig noch völlig intakt ist (Taf. V, Abb. 8 und 9). Der Rest des Pollenschlauches weist später zwei kernartige Körper auf, die als Reste des Synergiden- und vegetativen Pollenkernes zu deuten sind. Eine Doppelbefruchtung findet sicher statt. Einwandfrei sind Stadien unmittelbar vor der Verschmelzung der beiden Spermakerne mit Eikern und sekundärem Embryosackkern nachgewiesen worden (Taf. V, Abb. 8). Die Spermakerne sind schon aus dem Pollenschlauch ausgetreten und liegen neben den beiden Kernen des Embryosackes. Verschmelzungsstadien der Gametenkerne waren häufig anzutreffen. Die befruchteten Eikerne und sekundären Embryosackkerne weisen deutlich die aus dem Befruchtungsakt resultierenden zwei bzw. drei Nukleolen auf (Taf. V, Abb. 9). Später findet eine vollständige Verschmelzung der Chromatinmassen der beiden Gametenkerne in der Keimzelle statt. Im sekundären Embryosackkern und den daraus hervorgehenden Endospermkernen hingegen scheint sie wie bei *Voyriella* nie durchgeführt zu werden. Sie weisen stets 2—3 Nukleolen auf, um die das Chromatin angeordnet ist. Immerhin ist die Dreiteiligkeit der Kerne nie so ausgeprägt wie bei *Voyriella.*

VI. Entwicklung des Embryos und Endosperms.

Bei den autotrophen Gentianaceen geht die Bildung des Endosperms der Embryobildung voraus. Die erste Teilung der Keimzelle vollzieht sich erst, wenn das Endosperm schon aus wenigstens 8 Kernen besteht (Stolt 1921, S. 34). Bei den von mir untersuchten saprophytischen Arten ist der zeitliche Unterschied im Beginn der Endosperm- und Embryoentwicklung meist ein viel größerer. Wie bei Saprophyten aus anderen Familien beginnt die Keimzelle ihre Entwicklung erst, wenn die Endospermentwicklung schon fast zum Abschluß gekommen ist.

a) *Voyria coerulea.*

Kurz nach der Befruchtung wandert der große sekundäre Embryosackkern hinab bis gegen die Mitte des Embryosackes, wo er sich teilt. Die Kernspindel liegt in der Längsrichtung des Embryosackes. Die erste Teilung folgt der Verschmelzung des sekundären Embryosackkernes mit dem einen Spermakern wohl unmittelbar nach, denn in Embryosäcken mit zwei Endospermkernen sind die Synergiden, Antipoden und der Rest des Pollenschlauches noch wie während der Befruchtung erhalten (Taf. IV, Abb. 4).

Der ersten Kernteilung folgt unmittelbar eine Zellteilung nach, der ganze Embryosackraum wird quer in zwei gleichgroße Zellen zerlegt (Abb. 28*a*). Eine eigentliche Wand aus Zellulose entsteht vorerst nicht, die beiden Zellen sind nur durch dünne, aber deutlich sichtbare Plasmahäute gegeneinander abgegrenzt.

Voyria zeigt also merkwürdigerweise den Typus des *zellulären* Endosperms. Das muß um so mehr auffallen, als Stolt (1921, S. 52) darauf hingewiesen hat, daß alle Gentianaceen *nukleäres* Endosperm aufweisen und sich dadurch von der Unterfamilie der Menyanthaceen unterscheiden, die stets zelluläres Endosperm besitzen. Die Richtung der Spindel bei der Teilung des sekundären Embryosackkernes, sowie das Vorkommen von zellulärem Endosperm sind zwei Merkmale, die beide von Stolt als charakteristisch für die Menyanthaceen beschrieben wurden. Die systematische Stellung von *Voyria*, sowie der übrigen saprophytischen Gattungen innerhalb der Gentianaceen ist noch unsicher. Wenn nun *Voyria* zwei typische Merkmale der Menyanthaceen zeigt, so spricht dies natürlich noch nicht für eine Zuteilung zu dieser Familie, namentlich da sie in anderen Merkmalen, die Stolt für die Unterscheidung der beiden Familien heranzieht, wieder mit den Gentianaceen übereinstimmt. Ich erwähne nur das Fehlen eines Integumenttapetums bei *Voyria*, ihre bikollateralen Leitbündel, die für die Gentianaceen typisch sind, während sie den Menyanthaceen fehlen. Immerhin ist aus obigen Feststellungen zu ersehen, daß aus weiteren entwicklungsgeschichtlichen Untersuchungen an *Voyria*-Arten vielleicht unerwartete Aufschlüsse über die Verwandtschaftsverhältnisse der Gentianaceen sich ergeben werden.

Nach der ersten Teilung des primären Endospermkernes vergrößert sich der Embryosack stark. Die beiden Endospermkerne, die anfangs noch nahe beieinander gelegen waren, weichen auseinander. Der eine kommt unmittelbar unter die Keimzelle zu liegen, der andere wandert gegen das antipodiale Ende des Embryosackes (Abb. 28*a*). Die Reste der Synergiden, Antipoden, sowie des Pollenschlauches sind jetzt vollständig verschwunden. Der zweite Kern- und Zellteilungsschritt erfolgt rechtwinklig zur ersten Teilung. Der Embryosack wird in vier gleichgroße kreuzweise liegende Zellen zerlegt (Abb. 28*b*). Die nun folgenden weiteren Teilungsschritte ließen sich nicht mehr genau verfolgen. In jeder der später vorhandenen Endospermzellen liegt der Kern mitten im Zellraum in Plasma eingebettet, das durch zahlreiche dünne Plasmastränge mit dem Wandbelag in Verbindung steht.

Die befruchtete Eizelle ragt als kleines, kegelförmiges Zäpfchen ins Innere des Embryosackes hinein (Taf. IV, Abb. 2—4). Sie liegt unmittelbar unter der Mikropyle (Abb. 28*a*). Später, bevor sie in Teilung tritt, streckt sich die junge Keimzelle etwa auf doppelte Länge (Abb. 28*b*). In diesem Stadium sind im Plasma vieler Keimzellen kleine, dichte nukleolusartige Körper gefunden worden, die sich mit Safranin intensiv färben. Sie traten in allen Keimzellen in ungefähr gleicher Zahl und Lage auf. Zwei davon liegen gewöhnlich am basalen Ende der Keimzelle, nahe an der Embryosackwandung, der dritte stets vorn am Scheitel der Keimzelle, vor deren Kern (Abb. 28*b* und Taf. IV, Abb. 5). Außerdem finden sich hier und da noch weitere, aber viel kleinere Körper in geringer Zahl und beliebiger Lage. Alle diese Einschlüsse sind nur in den einzelligen Embryonen sichtbar, in den mehrzelligen ist davon nichts mehr zu sehen. Ernst und Bernard (1912, S. 177, und Tafel XVII

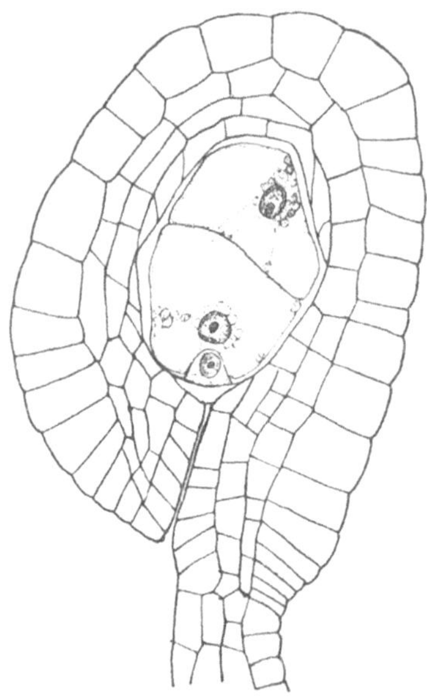

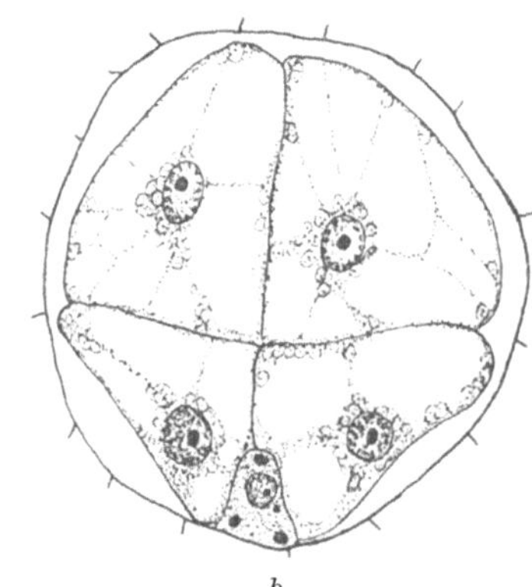

a *b*

Abb. 28. *Voyria coerulea*. Stadien aus der Bildung des Endosperms. *a* Embryosack mit zwei, *b* mit vier Endospermzellen und Keimzelle. In *b* finden sich innerhalb des Plasmas der Keimzelle drei kleine nukleolusartige Körper. Vergr. *a* 280 : 1, *b* 378 : 1.

Abb. 10) haben in jungen Keimzellen von *Burmannia candida* häufig ähnlich aussehende Einschlüsse gefunden, die sie als zellfremdes Plasma (Synergidenplasma, Plasma des Pollenschlauches oder der generativen Zelle) deuten, das mit dem generativen Kerne in die Eizelle eingedrungen wäre. Es ist sehr wohl möglich, daß die in den Keimzellen von *Voyria* wahrgenommenen Körper ebenfalls Reste des Pollenschlauchplasmas oder der Synergiden sind.

Die erste Teilung des Embryos tritt ein, wenn das Endosperm aus 10—12 Zellen besteht. Sie ist eine Querteilung, so daß eine scheibenförmige Basalzelle und eine halbkugelige gerundete Scheitelzelle entstehen. Weitere Teilungen in gleicher Richtung folgen, so daß wir einen Embryo mit 4—5 einzelligen Etagen erhalten (Abb. 29*a*). In den 2—3 vorderen

Zellen treten auch Längsteilungen auf, so daß schließlich eine kleine Embryokugel gebildet wird. Der fertig entwickelte Embryo besitzt einen Suspensor aus 2—3 Zellen und eine endständige Kugel aus 6—10 Zellen (Abb. 29*b*).

Die den Embryo umschließenden Endospermzellen des mikropylaren Endes des Embryosackes sind kleiner und zahlreicher als diejenigen der Chalazaseite. Sie legen sich dem heranwachsenden Embryo dicht an (Abb. 29*a*) und haben wohl in erster Linie für dessen Ernährung zu sorgen. Später werden die zunächst liegenden Endospermzellen durch den wachsenden Embryo gänzlich verdrängt und aufgelöst. Im ent-

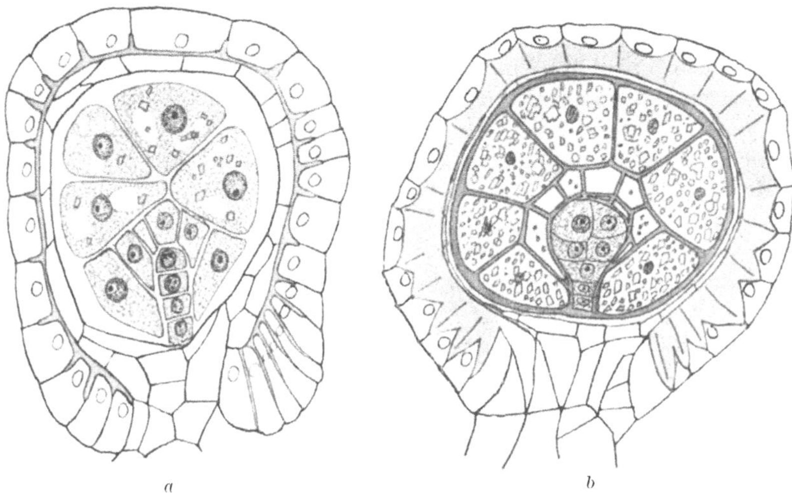

Abb. 29. *Voyria coerulea.* Entwicklung des Embryos, Endosperms und der Samenschale. *a* Vierzelliger, einreihiger Embryo und zahlreiche Endospermzellen mit Reservestoffen erfüllt. Die den Embryo umschließenden Endospermzellen sind viel kleiner und zahlreicher als die der Chalazaseite. Die Innenwände der äußersten der Integumentschichten beginnen sich zu verdicken, die inneren Integumentschichten degenerieren. *b* Ausgebildeter Same mit vierzelligem Embryo, Endospermzellen mit verdickten Wänden, und mit Eiweißkristallen erfüllt. Die Samenschale ist fertig entwickelt. Vergr. 230 : 1.

wickelten Samen trifft man infolgedessen um den Embryo 1—2 Schichten kleiner entleerter oder auch völlig zerdrückter Zellen (Abb. 29*b*). Der übrige Raum des Embryosackes wird von 12—15 großen mit Reservestoffen angefüllten Endospermzellen erfüllt. GILG (1895, S. 102) gibt für *Voyria* Samen mit kleinen ungegliederten Embryonen und ohne Nährgewebe an. Wahrscheinlich standen ihm keine reifen Früchte zur Verfügung, sonst hätte er die großen Endospermzellen wahrnehmen müssen.

Die Endospermzellen, die in den ersten Stadien der Samenentwicklung nur durch ganz feine Häute voneinander getrennt sind, verdicken später ihre Wände stark. Die Verdickungsschichten bestehen aus Zellulose; die das Endosperm gegen die Samenschale abschließenden Außenwände sind etwas kutinisiert.

Bald nach der Befruchtung reichern sich der Embryosack und später die Endospermzellen stark mit Stärke an. Die Körner sind meist zusammengesetzt, und jedes Teilkorn besitzt eine lichtbrechende Spalte. Die Stärkekörner liegen meist dicht um die Endospermkerne (Taf. IV, Abb. 2—4, und Textabb. 28*a* und *b*). Im Verlaufe der Endospermbildung verschwindet die Stärke allmählich. Als Reservestoff des Zellinhaltes tritt Eiweiß in Form von großen und kleineren rhombischen Kristallen auf. Der größere Teil der Kohlehydrate ist offenbar in Form von Reservezellulose in den Membranen gespeichert.

Von den zahlreichen Samenanlagen eines Fruchtknotens entwickeln sich zwar nie alle, wohl aber die meisten zu Samen. Verhältnismäßig wenige erreichen nicht das Stadium der Befruchtungsreife oder bleiben unbefruchtet. Auf ganz jungen Stadien zurückbleibende oder zu Paraphysen umgewandelte Samenanlagen, wie sie Johow (1885, S. 445) für die von ihm untersuchten *Leiphaimos*-Arten angibt, kommen bei *Voyria* nicht vor.

b) *Voyriella parviflora.*

Nach der Befruchtung wandert auch im Embryosacke von *Voyriella* der sekundäre Embryosackkern bis etwa in die Mitte der Zelle hinunter (Taf. IV, Abb. 11). Er liegt hier eingebettet in einer Plasmascheibe, die mit dem Wandbelag durch zahlreiche Brücken in Verbindung steht. Sein Volumen nimmt rasch zu. Die Spindel der ersten Teilung liegt, wie bei *Voyria* in der Längsrichtung des Embryosackes und der Samenanlage. Es konnten mehrmals Stadien aus der Teilung des sekundären Embryosackkernes und auch weiterer Endospermkerne beobachtet werden. Die Kernplatten sind groß, die Chromosomen in Form länglicher Stäbchen sehr deutlich. Es wurden hier etwa 32—36 Chromosomen gezählt, was ungefähr der dreifachen haploiden Zahl entsprechen würde. Nach der Teilung wandern die beiden ersten Endospermkerne auseinander, der eine kommt unmittelbar unterhalb die Keimzelle, der andere in den unteren, antipodialen Teil des Embryosackes zu liegen. Wie bei *Voyria* folgt der ersten Kernteilung unmittelbar eine Zellteilung nach. Es folgt also *Voyriella* in Übereinstimmung mit *Voyria* dem Typus des *zellulären* Endosperms (Abb. 30*a*).

Durch die erste Teilung wird der Embryosack in zwei gleichgroße, übereinanderliegende Zellen zerlegt. Die Weiterentwicklung des Endosperms erfolgt ähnlich wie bei *Voyria*. Durch den zweiten Teilungsschritt entstehen wieder vier gleichgroße, kreuzweise gelagerte Zellen (Abb. 30*b*). Die weiteren Teilungen lassen allmählich ein zweischichtiges Endosperm entstehen. In späteren Stadien kann man deutlich eine periphere Zellschicht von einer inneren, die aus größeren, unregelmäßigeren Zellen besteht, unterscheiden (Abb. 30*c* und 31*a*).

Während dieser ersten Phase der Endospermentwicklung verharrt die *Keimzelle* am oberen Ende des Embryosackes in einem Ruhezustand. Das Chromatin ihres Kernes ist fein verteilt, größere Chromatinkörperchen sind nicht mehr sichtbar, es ist auch nur ein Nukleolus vorhanden. Öfters ist an der Basis der Keimzelle ein eigentümliches Gebilde von der Gestalt eines winklig gebogenen, dicken Balkens zu erkennen, der sich dem Plasma eng anschmiegt (Abb. 30*a*). Er besteht wahrscheinlich aus Zellulose, da er sich mit Membranfarbstoffen, wie Bismarckbraun oder Hämatoxylin intensiv färben läßt. Über seine Entstehung vermag ich keine Auskunft zu geben. Vielleicht ist er aus den zusammengepreßten Membranresten der Synergiden, des Pollenschlauches und anderer verdrängter Elemente hervorgegangen.

Zu Beginn der Weiterentwicklung der Keimzelle streckt sie sich ungefähr auf die doppelte Länge (Abb. 30*c*). Die weitere Entwicklung

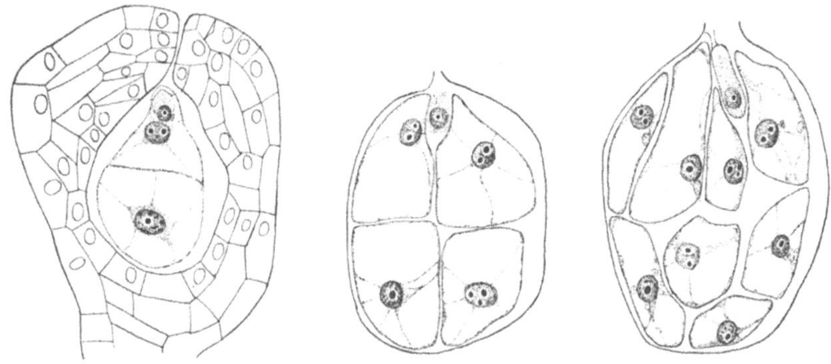

Abb. 30. *Voyriella parviflora.* Stadien aus der Entwicklung des Endosperms. *a* Zwei, *b* vier und *c* acht Endospermzellen und junge Keimzelle. In *c* die Keimzelle langgestreckt. Vergr. 300 : 1.

stimmt fast genau mit derjenigen bei *Voyria* überein. Die erste Teilung der Keimzelle ist eine Querteilung (Abb. 31*a*). Weitere Teilungen in gleicher Richtung führen zur Ausbildung einer Reihe von 6—7 übereinanderliegenden Zellen (Taf. V, Abb. 2—3). Die Basalzelle der Reihe unterscheidet sich von allen übrigen durch größere Länge. Ihr Kern liegt am vorderen Ende, während das Plasma gegen die Basis hin eine große Vakuole enthält (Taf. V, Abb. 2—3).

In den 3—4 vorderen Zellen des Embryos führen weitere Längs- und Querteilungen zur Bildung einer Embryokugel. Im entwickelten Samen besteht der Embryo aus einem Suspensor von 2—3 Zellen und einer Kugel, die aus 16—24 Zellen gebildet sein wird (Abb. 31*b*). Der Embryo von *Voyriella* ist bedeutend größer als derjenige von *Voyria* und jedenfalls von allen untersuchten Arten am wenigsten reduziert.

Das Wachstum des Embryos findet in engem Kontakt mit dem Endosperm statt, dessen Zellen sich ihm eng anschmiegen (Taf. IV, Abb. 12).

Das Endosperm von *Voyriella* ist relativ vielzellig. Ein entwickelter Same mag 30—40 Endospermzellen enthalten, die auf medianen Längsschnitten deutlich in zwei Schichten angeordnet sind (Abb. 31*b*).

Die Wände der Endospermzellen, die in früheren Stadien sehr dünn sind, werden allmählich stark verdickt, ganz besonders stark die peripheren Wände der äußeren Schicht, an welche die Samenschale grenzt. Ihr Durchmesser ist ebenso breit, wie derjenige der gesamten Samenschale (Abb. 31*b*).

Im Zellinhalt der Endospermzellen findet zunächst eine Speicherung von Stärke, später vornehmlich von Eiweißstoffen in Form rhombischer Kristalle statt. Schon in den achtkernigen Embryosäcken ist gelegentlich Stärke im Plasma um Ei- und Polkerne vorhanden. Während der

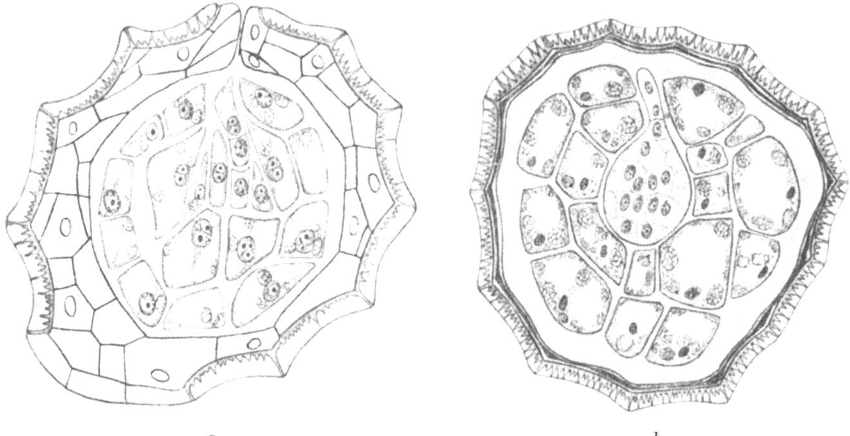

Abb. 31. *Voyriella parviflora*. Stadien aus der Bildung des Endosperms, Embryos und der Samenschale. *a* Vielzelliges Endosperm und zweizelliger Embryo. In der äußersten Integumentschicht verdicken sich die Innen- wie Seitenwände der Zellen. *b* Ausgebildeter Same mit vierzelligem Embryo und zahlreichen Endospermzellen, deren Wände stark verdickt sind. Die inneren Integumentschichten sind bis auf eine Lamelle zerdrückter Reste verschwunden. Vergr. 208:1.

ersten Stadien der Endospermentwicklung scheint sie merkwürdigerweise zu fehlen. Erst die Zellen des acht- und mehrzelligen Endosperms enthalten wieder 6—8 große, zusammengesetzte Stärkekörner und 10—20 kleine, einfache. Dazu kommen später noch 2—3 große und verschiedene kleinere, rhombische Eiweißkristalle (Taf. V, Abb. 4). *Voyriella* ist die einzige der bis jetzt untersuchten Arten, die in ihren Endospermzellen Stärke und Eiweißkristalle zugleich besitzt.

Während der Ausbildung des Endosperms und des Embryos hat sich auch der Same als ganzes bedeutend vergrößert und sich namentlich stark verbreitert. Die jungen Samenanlagen sind langgestreckt, während der ausgebildete Samen fast kugelig ist.

Fast alle Samenanlagen entwickeln sich zu Samen. Auf dem Querschnitt durch einen jungen Fruchtknoten trifft man 16—18 Samenanlagen an jeder Plazenta, in einem entsprechenden Schnitt durch eine reife Frucht 12—15 Samen. Es sind auch hier stets alle Samenanlagen eines Schnittes ungefähr im gleichen Entwicklungsstadium. In größerer Anzahl zurückbleibende und sich in Paraphysen umwandelnde Anlagen kommen auch bei *Voyriella* nicht vor.

c) *Leiphaimos spec.*

Kurz nach der Befruchtung ist die Keimzelle ziemlich groß, ihr Kern liegt im dichten Plasmabelag des Scheitels, und ihr Plasma besitzt basalwärts eine große Vakuole (Taf. V, Abb. 10). Später nimmt das Volumen der Keimzelle stark ab, sie besteht schließlich nur noch aus dem Kern und wenig Plasma, die Vakuolen sind verschwunden (Taf. V, Abb. 11). In diesem Zustande verharrt sie bis zu ihrer Weiterentwicklung, sie macht gewissermaßen eine Art Ruheperiode durch. Bei der von JOHOW (1885, S. 444, und Abb. 62) untersuchten *Leiphaimos trinitatis* ist die Keimzelle in diesem Stadium von einer derben, quellbaren Membran umschlossen, was bei der von mir untersuchten *Leiphaimos*-Art nicht der Fall ist.

Die Untersuchung der Endospermbildung von *Leiphaimos* bot besonders große Schwierigkeiten, da in vielen Embryosäcken Degenerationserscheinungen auftreten. Die Endospermkerne haben in den Samenanlagen oft ganz verschiedenes Aussehen und verschiedene Lagerung, so daß es anfänglich nicht leicht festzustellen ist, welche Bilder aus einer normalen und welche solche aus einer abnormalen Entwicklung darstellen. Daß auch der Embryo bald normal, bald wieder geschrumpft erscheint, macht die Sache nicht verständlicher. Öfters kam es vor, daß gerade in Embryosäcken mit normal aussehenden Endospermkernen der Embryo weniger gut erhalten war und umgekehrt schöne, ungeschrumpfte Embryonen sich zusammen mit degenerierten Endospermzellen im gleichen Embryosack vorfanden.

Ich beschreibe zuerst den mir als normal erscheinenden Entwicklungsgang und hierauf einige Abweichungen.

Während vor der Zellbildung in achtkernigen Embryosäcken das Plasma nur als Wandbelag vorhanden ist und das Innere von einer großen einheitlichen Vakuole eingenommen wird, reichert sich sogleich nach der Befruchtung der ganze Embryosack stark mit einem feinmaschigen Plasma an (Abb. 32).

Nach der Befruchtung wandert der sekundäre Embryosackkern etwa bis in die Mitte der großen Zelle, wo seine Teilung erfolgt. Die Spindelachse der Teilungsfigur steht wie bei den Arten mit zellulärem Endosperm in der Längsrichtung des Embryosackes. Die beiden Tochterkerne wandern sogleich auseinander gegen die beiden Pole (Abb. 32*a*).

Der ersten Kernteilung folgt keine Zellteilung nach. *Leiphaimos* gehört wie die untersuchten autotrophen Gentianaceen dem Typus der *nukleären* Endospermbildung an. Nach STOLT (1921, S. 52) hat im allgemeinen bei Embryosäcken mit nukleärem Endosperm die Spindel bei der ersten Teilung des primären Endospermkernes keine bestimmte Lage im Embryosacke, bei *Leiphaimos* aber ist die Richtung der Spindel noch weitgehend konstant.

In den folgenden Teilungsschritten haben die Spindeln keine bestimmte Richtung im Embryosacke, doch werden die entstehenden Kerne ungefähr in gleichem Abstande voneinander im Innern verteilt. (Abb. 32 und 33). Das Plasma der großen Zellen wird gleichzeitig immer dichter, die einzelnen Waben immer kleiner. Durch drei Teilungsschritte

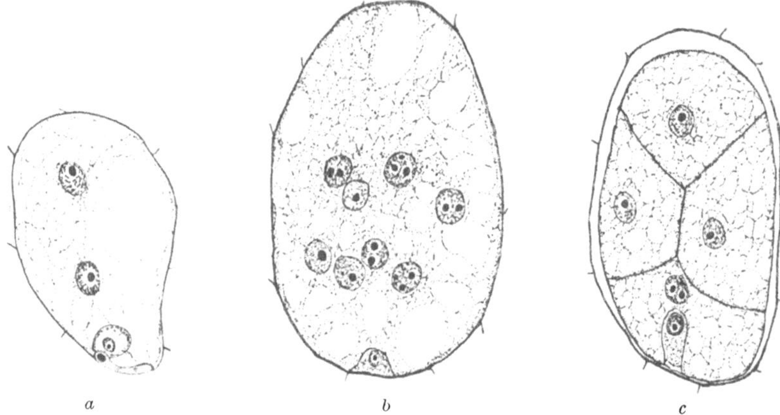

Abb. 32. *Leiphaimos spec.* Stadien aus der Entwicklung des Endosperms. *a* Zwei, *b* acht freie Endospermkerne und junge Keimzelle. *c* Bildung von Endospermzellen. Die Keimzelle ist hier langgestreckt. Vergr. *a* 336 : 1, *b* u. *c* 250 : 1.

freier Endospermkerne werden 8 Kerne gebildet (Abb. 32*b*), dann tritt simultane Zellbildung ein (Abb. 32*c*).

Nun beginnt auch die Weiterentwicklung der *Keimzelle.* Zuerst erfolgt wie bei den anderen Arten ihre Streckung auf das doppelte bis dreifache der ursprünglichen Länge (Taf. V, Abb. 12). An der Ansatzstelle der Keimzelle an der Embryosackwandung ist eine intensiv färbbare Membranverdickung erkenntlich, welche die Zelle basalwärts auf der ganzen Fläche umfaßt. Sie vergrößert sich später noch stark und wird zu einem eigenartigen, fast zangenförmigen Embryoträger (Abb. 33*b* und Taf. V, Abb. 13). JOHOW hat für *Leiphaimos trinitatis* (Taf. XVIII, Abb. 63—65) ähnlich gebaute Träger gezeichnet, hat aber darüber, wie über ihre Entstehung im Texte nichts erwähnt.

Die erste Teilung des Embryos erfolgt, wie bei allen anderen Arten, quer in zwei übereinanderliegende Zellen. Von diesen teilt sich jede höchstens noch einmal in der Querrichtung. Eine Teilung der vordersten Zelle in der Längsrichtung beschließt den Entwicklungsgang, so daß der fertige Embryo aus 4—5 Zellen besteht (Abb. 33*b* und Taf. V, Abb. 13). Eine langgestreckte oder auch zwei kürzere basale Zellen bilden den Suspensor, dem sich eine kleine scheitelständige Kugel aus drei Zellen anschließt. Auch JOHOW hat bei allen von ihm untersuchten *Leiphaimos*-Arten nur kleine, wenigzellige Embryonen angetroffen, die alle noch reduzierter sind als bei der von mir untersuchten Spezies. Bei *Leiphaimos trinitatis* besteht nach JOHOW der Embryo aus vier, bei *L. uniflora* aus drei und bei *L. obconica* und *tenella* aus nur zwei Zellen. Im Vergleich zu den übrigen saprophytischen Gentianaceen hat *Leiphaimos* die reduziertesten Embryonen. Von Saprophyten aus anderen Familien haben die *Burmannia*-Arten ebenfalls auf 3—4 Zellen reduzierte Embryonen.

Das fertige Endosperm besteht ebenfalls nur aus wenigen Zellen, auf einem medianen Längsschnitt durch einen Samen trifft man etwa 8—10 Zellen. Es weist *Leiphaimos* auch in bezug auf die Ausbildung des Endosperms die weitgehendste Reduktion auf. Von den von JOHOW untersuchten *Leiphaimos*-Arten kommt *L. trinitatis* der hier untersuchten am nächsten. Die Arten mit den später an beiden Enden langgeschwänzten Samenanlagen, wie *L. tenella* und *uniflora*, haben noch weniger Endospermzellen. Sie scheinen in bezug auf Ausbildung des Embryos und des Endosperms viel reduzierter zu sein, als die Arten, deren Samen kugelig bleiben. Sie sind von allen saprophytischen Gentianaceen die am weitesten reduzierten.

Wie bei den anderen Arten sind auch bei *Leiphaimos spec.* die Endospermzellwände reifer Samen stark mit Reservezellulose verdickt, namentlich ist die nach außen gelegene Wand der Zellen (Abb. 33*b*) besonders breit. Als einziger Reservestoff des Zellinhaltes tritt Eiweiß in Form vieler kleiner rhombischer Kristalle auf. Diese liegen alle in den Ecken eines feinen Plasmanetzes, das die Zellen ganz erfüllt. Stärke fehlt in den Embryosäcken, und auch alle übrigen Teile des Fruchtknotens, Plazenten und periphere Schichten der Samenanlagen, die bei *Voyria* oder *Cotylanthera* mit Stärke vollgepfropft waren, sind merkwürdigerweise bei *Leiphaimos* stärkefrei.

An Stelle der eben geschilderten Entwicklung von Embryo und Endosperm treten in vielen Samenanlagen Erscheinungen auf, die als *Degenerationen* aufzufassen sind. Sie betreffen im besonderen die Endospermkerne während die Embryonen, abgesehen von Schrumpfungen, keine großen Abweichungen zeigen.

Unter den Embryosäcken mit 2—8 Endospermkernen trifft man immer wieder solche, in denen die Kerne anstatt gleichmäßig im Embryosack verteilt zu sein, auf einem Haufen vereinigt liegen. Gegenüber normalen Endospermkernen weisen sie ein bedeutend kleineres Volumen auf. Der Durchmesser eines normalen Kernes beträgt etwa 10 μ, während diejenigen degenerierender Embryosäcke nur 6,3 μ aufweisen. Am auffallendsten sind die Nukleolen der abnormen Kerne. Sie sind stets größer als in normalen Endospermkernen und kommen nur in Einzahl vor, während normale Kerne meistens deren drei besitzen. Auch das Plasma der degenerierenden Embryosäcke hat ein anderes, abnormes Aussehen. Statt den ganzen Raum in Form eines feinmaschigen Netzes zu erfüllen, ist es zu einzelnen Streifen oder einem breiten Bande zusammengezogen, in welchem auch der Kernhaufen liegt. Merkwürdig

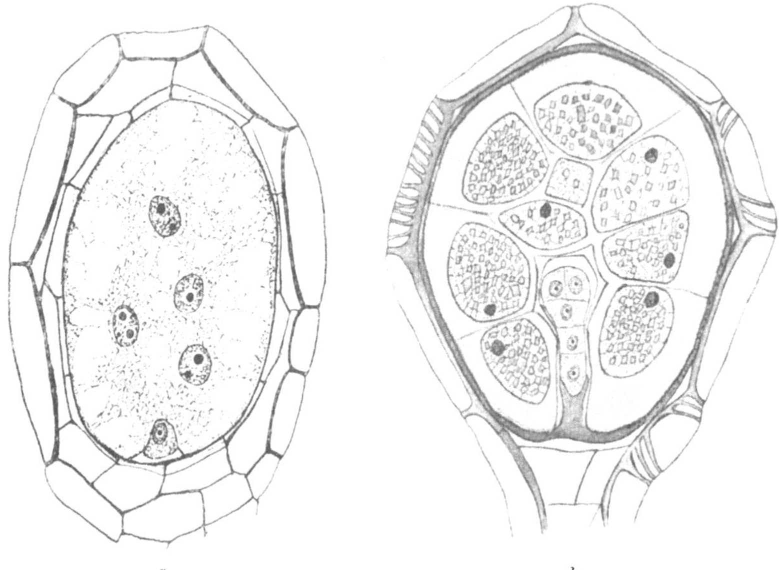

Abb. 33. *Leiphaimos spec.* Entwicklung des Embryos, Endosperms und der Samenschale. *a* Embryosack mit vier freien Endospermkernen und junger Keimzelle. In der äußersten Schicht der Samenanlage beginnen sich die tangentialen Innenwände, wie die Radialwände zu verdicken. Vergr. 250 : 1. *b* Reifer Same mit vierzelligem Embryo und wenigen Endospermzellen, die mit Eiweißkristallen angefüllt sind; die Wände der Endospermzellen sind stark verdickt. Die Innenwände der innersten peripheren Schicht der Samenanlage haben sich ebenfalls verdickt. Vergr. 200 : 1.

ist, daß der Embryo daneben völlig normales Aussehen hat. Reste des Pollenschlauches deuten daraufhin, daß eine Befruchtung stattgefunden hat. Es kann sich wohl nicht um bloße Schrumpfungserscheinungen infolge der Präparation handeln. Die Ursache der Degenerationserscheinungen festzustellen, war mir aber nicht möglich. Alle Samenanlagen mit derart modifiziertem Embryosackinhalt scheinen ihre Entwicklung nicht zu Ende zu führen, denn Veränderungen der Hüllschichten, die zur Bildung einer Samenschale führen, treten nicht auf. Es ist noch zu bemerken, daß in einzelnen Fruchtknoten nur wenige Samenanlagen diese Erscheinungen zeigen, in der großen Mehrzahl aber sich die Entwicklung normal vollzieht und die Samenanlagen zu fertigen Samen werden. Daneben fand ich aber wenige Blüten, in denen nur ganz wenige reife Samen gebildet worden waren, alle anderen Samenanlagen waren auf frühen Stadien der Entwicklung zurückgeblieben und degeneriert.

JOHOW (1885, S. 445) hat bei den von ihm untersuchten *Leiphaimos*-Arten ebenfalls degenerierte Samenanlagen gefunden, doch handelt es sich dort offenbar um ganz andere Vorgänge. Bei jenen Arten tritt in jungen Samenanlagen, schon vor der Bildung des Embryosackes, ein Stillstand in der Entwicklung ein. Trotzdem wachsen sie zu normaler Größe der Samenanlagen heran, bestehen aber oft nur aus wenigen Zellen.

d) *Die Ooapogamie bei Cotylanthera tenuis.*

FIGDOR nahm an, daß sich bei *Cotylanthera* die Befruchtung in normaler Weise vollziehe. Über die Bestäubungsverhältnisse äußert er sich wie folgt (1897, S. 221—22): „Bezüglich der Frage der Bestäubung der Narbe mit Pollenkörnern kann ich nur sagen, daß dieselben vermutlich durch Insekten auf die Narbe übertragen werden. Ich neige deshalb dieser Ansicht zu, weil ich niemals periodisch wiederkehrende Bewegungen einzelner Blütenbestandteile wahrnehmen konnte und die Öffnungsstellen der Antheren immer tiefer als die Narben zu liegen kommen."

Wie ich schon bei der Besprechung der Blütenteile erwähnt habe, steht die Narbe offener Blüten immer etwa 1 mm höher als die Spitze der Antheren. Diese öffnen sich auf eine schon lange bekannte Weise, indem zuerst die beiden Pollenfächer einer Theke miteinander verschmelzen und später sich auch noch die Theken selbst vereinigen, so daß die ganze Anthere einen einheitlichen Raum enthält, der sich durch einen apikalen Porus öffnet. In den aufgesprungenen Pollensäcken sind aber schon fast alle Pollenkörner vollständig zusammengeschrumpft. Nur in einigen wenigen konnten noch intakte, zum Teil sogar gekeimte Pollenkörner angetroffen werden. Schon in Anbetracht der Stellung von Narbe und Antheren ist es aber nicht wahrscheinlich, daß Pollenschläuche aus den Antheren auf die Narbe derselben Blüte gelangen. Ein direktes Hinüberwachsen ist bei dem großen Abstand von Narbe und Antherenscheitel völlig ausgeschlossen.

Von all den vielen untersuchten Narben war nur eine einzige bestäubt. Die Körner dieses Belages waren aber schon derart geschrumpft, daß nicht mehr festgestellt werden konnte, ob eine Keimung stattgefunden hatte oder nicht. Wahrscheinlich war die Blüte durch ein Insekt bestäubt worden, da mit den Pollenkörnern noch eine Menge Fremdkörper und Schleim auf der Narbe lagen. Alle anderen Narben waren aber vollständig pollenfrei.

Auch fanden sich im leitenden Gewebe des Griffels und des Fruchtknotens nie Pollenschläuche vor, während solche doch gerade hier bei den anderen Arten so häufig waren. Es ist demnach sicher, daß die Eizelle sich ohne vorherige Befruchtung zum Embryo entwickeln muß. Ob *Cotylanthera tenuis* verschiedene Rassen aufweist, die sich hinsichtlich der Befruchtung verschieden verhalten, muß dahin gestellt bleiben. Das mir zur Verfügung stehende Material von Buitenzorg war durchaus einheitlich.

Ihre Embryosäcke sind, soweit dies festgestellt werden konnte, diploider Natur, ihre Kerne weisen unreduzierte Chromosomenzahl auf. Die Eizelle ist nicht befruchtungsbedürftig und kann sich ohne weiteres zum Embryo entwickeln. Wie aber schon Ernst (1913, S. 142) nachgewiesen hat, erfolgt ihre Weiterentwicklung zum Embryo nicht sofort,

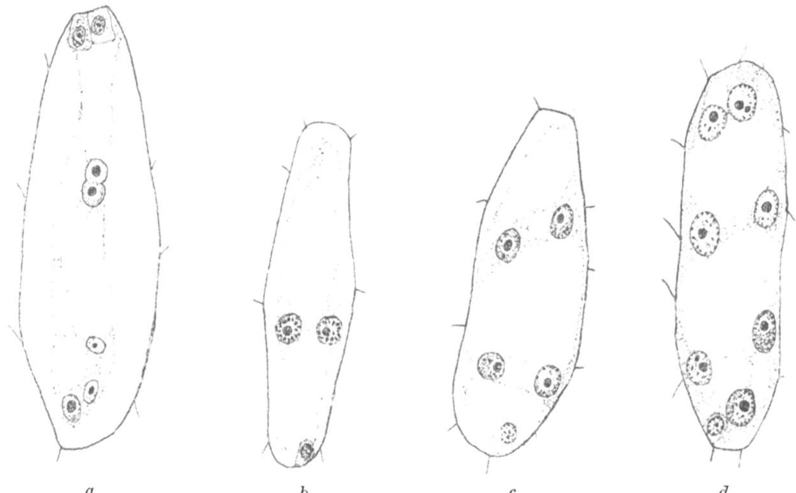

Abb. 34. *Cotylanthera tenuis*. Stadien aus der Bildung des Endosperms. *a* Achtkerniger Embryosack mit Eikern und zwei Synergidenkernen am unteren, und zwei Antipodenzellen am oberen Ende, in der Mitte Verschmelzungsstadium der beiden Polkerne. Vergr. 675 : 1. *b* Embryosack mit den zwei ersten Endospermkernen und der Keimzelle im Ruhestadium. Vergr. 540: 1. *c* Vier und *d* acht Endospermkerne und ruhende Keimzelle. Vergr. 378 : 1.

sondern sie macht in gewissem Sinne eine Art Ruheperiode durch, die mit einer Gestaltsveränderung verbunden ist. Sie liegt am Scheitel des Embryosackes, meistens aber etwas seitlich davon und ist äußerst klein. Da sie nur aus dem von einer dünnen Plasmaschicht umhüllten Kerne besteht, kann sie leicht übersehen werden (Abb. 34*b*—*d* und Taf. V, Abb. 14). In diesem Zustande verharrt die Keimzelle unverändert bis die Endospermbildung fast zum Abschluß gekommen ist. Sie ist oft neben den Endospermkernen kaum zu sehen, da die ganze Zelle kleiner als ein einzelner Endospermkern ist (Abb. 34*d*). Ähnliche Ruheperioden und Gestaltsveränderungen der Eizelle vor ihrer Weiterentwicklung zum Embryo sind schon von anderen apogamen Angiospermen z. B. *Balanophora* und *Burmannia coelestis* (Ernst 1918, S. 311) bekannt.

Die Verschmelzung der beiden Polkerne erfolgt etwa in mittlerer Höhe des Embryosackes (Abb. 34*a*). Der sekundäre Embryosackkern vollzieht an dieser Stelle auch seine erste Teilung. Die Spindelachse liegt dabei in der Querrichtung des Embryosackes, die beiden ersten Endospermkerne liegen dicht nebeneinander auf gleicher Höhe (Abb. 34*b*). Der ersten Kernteilung folgt keine Zellteilung nach. *Cotylanthera* folgt wie *Leiphaimos* und die meisten Gentianaceen dem *nukleären* Typus der Endospermbildung. Es ist mir einige Male gelungen, in der Prophase der Teilung von Endospermkernen die Zahl der Chromosomen festzustellen. Es konnten immer 60 und mehr gezählt werden, eine Zahl also, die nur durch Verschmelzung von zwei Polkernen mit unreduzierter Zahl von 32 Chromosomen zustande gekommen sein kann. Die Endospermkerne von *Cotylanthera* führen also die tetraploide Chromosomenzahl.

Die beiden ersten Endospermkerne wandern gegen die Pole des Embryosackes, wo eine neue Teilung erfolgt (Abb. 35*a*). Die Spindelachsen stehen wahrscheinlich wieder in der Querrichtung, da nachher zwei Kernpaare in Plasmabrücken nebeneinanderliegend gefunden werden (Abb. 34*c*). Die weiteren Teilungen konnten nicht mehr im einzelnen verfolgt werden. Sie scheinen vorerst ebenfalls noch in bestimmter Richtung zu erfolgen, da auch in Embryosäcken mit 8 und mehr freien Kernen diese immer paarweise angeordnet in verschiedenen Etagen übereinanderliegen (Abb. 34*d*).

In den schmalen Embryosäcken bildet das Plasma meist einen dünnen Belag längs der Wandung. Nur zwischen den auf gleicher Höhe liegenden Kernen wird der Zellraum durch Plasmabrücken überquert (Abb. 34). Nach der Entstehung von 8 oder mehr freien Endospermkernen erfolgt simultane Zellbildung. Entsprechend der regelmäßigen Lagerung der Kerne entstehen auch Zellen, die in zwei Längsreihen nebeneinanderliegen (Abb. 35*b*). Die ganze Samenanlage und ihre Embryosäcke haben sich bis zu diesem Entwicklungsstadium infolge der dichten Lagerung nur wenig verbreitern können. Später wird eine Verbreiterung der Embryosäcke innerhalb der Samenanlagen dadurch möglich, daß die beiden inneren Zellschichten der Wandung bei der Samenbildung resorbiert werden. Das Endosperm dehnt sich nun in die Breite aus und seine Zellenzahl wird demnach beträchtlich vergrößert (Abb. 35*c*).

Die Keimzelle beginnt ihre Weiterentwicklung erst, wenn das Endosperm schon zellig geworden ist. Sie setzt mit einer starken Streckung auf das zwei- bis dreifache der ursprünglichen Länge ein (Taf. V, Abb. 15). Die erste Teilung ist wie bei den andern untersuchten Arten eine Querteilung. Weitere Teilungen in gleicher Richtung folgen bald nach, so daß der Embryo bald aus einer Reihe von 6 übereinanderliegenden Zellen besteht (Taf. V, Abb. 16). In den vordersten 2—3 Zellen treten auch Teilungen in der Längsrichtung auf, die zur Bildung einer Embryokugel führen (Taf. V, Abb. 17 und 18). Die basalen Zellen der Reihe bilden den Suspensor, sie sind immer breiter als lang. Die Ansatzzelle wird von den verdickten Wänden der Endospermzellen umschlossen (Taf. V, Abb. 18). Der Embryo ausgereifter Samen ist im Vergleich mit den anderen Arten ziemlich groß und vielzellig. Er besteht aus einem Suspensor von drei und einer Embryokugel aus mindestens 8—16 Zellen. FIGDOR gibt für den ganzen Embryo 14 Zellen an. In bezug auf die Größe und Zellenzahl des Embryos, wie in der Zahl der

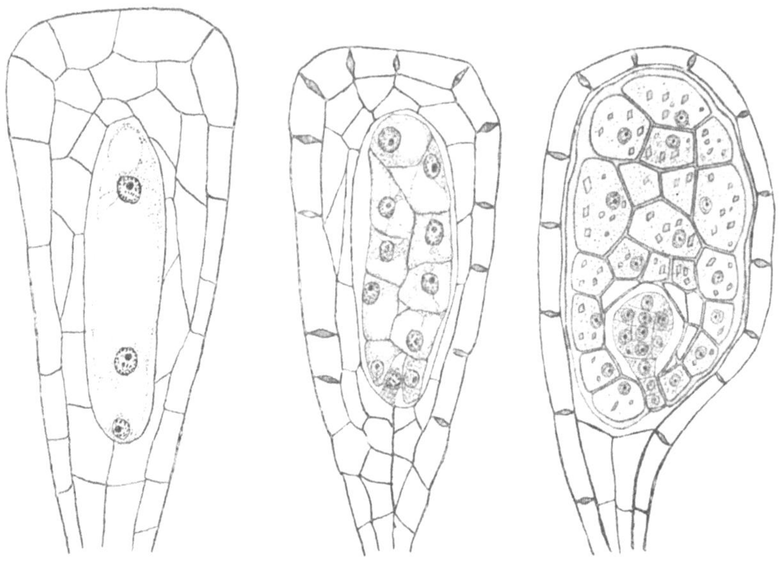

Abb. 35. *Cotylanthera tenuis*. Bildung des Embryos, Endosperms und der Samenschale. *a* Samenanlage, deren Embryosack zwei Endospermkerne und eine ruhende Keimzelle besitzt. Vergr. 378 : 1. *b* Zellbildung im Endosperm. Die Wände der äußersten Schicht der Samenanlage beginnen sich zu verdicken. *c* Ausgebildeter Same mit vielzelligem Embryo, zahlreichen Endospermzellen, deren Wände verdickt sind und die in ihrem Lumen Eiweißkristalle führen. Die inneren der peripheren Schichten der Samenanlage sind völlig verschwunden, die äußerste allein bildet die Samenschale. Vergr. 280 : 1.

Endospermzellen ist *Cotylanthera* viel weniger reduziert als z. B. die *Leiphaimos*-Arten, denen sie sonst in ihrem Bau am nächsten kommt.

Im entwickelten Samen sind die Wände der Endospermzellen, wie bei den anderen Arten, stark verdickt. Am stärksten sind wieder die peripheren Wände der äußersten Zellen ausgebildet, die das Endosperm gegen die Samenschale hin abschließen (Abb. 35*c*).

Als einziger Reservestoff des Zellinhaltes tritt vornehmlich Eiweiß auf, in Form weniger, größerer und einer Menge kleiner rhombischer Kristalle. Es ist interessant, daß gerade die Art, die in allen Teilen des Fruchtknotens und der Samenanlagen so mit Stärke vollgepfropft ist, solche in den Endospermzellen des Samens vollständig entbehrt.

In der Zahl der ausgebildeten Samen verhalten sich die Fruchtknoten von *Cotylanthera* weitgehend verschieden. In den einen entwickeln sich sozusagen fast alle Samenanlagen zu fertigen Samen. Sie sind sodann auch im ausgebildeten Zustande eng und schmal und liegen dicht gepreßt aneinander. In anderen Fruchtknoten sind es dagegen oft nur ganz wenige, meist 5–8 Samenanlagen auf einem Querschnitt, die zu Samen geworden sind. Alle anderen sind im Stadium des achtkernigen Embryosackes stehen geblieben und bilden eine Art Füllmaterial, in welchem die ausgebildeten Samen eingebettet liegen. Diese sind alle merklich breiter als diejenigen der vielsamigen Fruchtknoten. Ihre Embryonen und die einzelnen Endospermzellen sind aber nicht größer, dagegen werden in diesen größeren Samen mehr Zellen im Endosperm gebildet. Die vereinzelten Samen solcher Fruchtknoten liegen bald regellos zerstreut an beliebigen Stellen der Plazenta, bald alle an einer Stelle der Plazenta neben- oder übereinander. Bald sind sie nur an einer Plazenta, bald an entsprechenden Stellen beider vorhanden. Auf Längsschnitten trifft man die entwickelten Samen hauptsächlich in mittlerer Höhe des Fruchtknotens, während der obere und untere Teil von unentwickelten Samenanlagen erfüllt sind. Sehr wahrscheinlich sind es Fragen der Ernährung, die weitgehend eine Rolle bei der Weiterentwicklung einer größeren oder kleineren Anzahl von Samenanlagen spielen.

VII. Bau und Entwicklung der Samenschale.

Bau und Entwicklung der Samenschale autotropher Gentianaceen sind von Guérin (1904, S. 33—52) eingehend untersucht und beschrieben worden. Die Entwicklung vollzieht sich bei allen bis jetzt untersuchten Arten in gleicher Weise, verschieden bei den einzelnen Arten ist nur die Ausbildung und Form der Zellen bzw. der Verdickungsbänder oder Leisten ihrer Membranen. Guérin faßt seine Ergebnisse in folgende Sätze zusammen: „Le tégument séminal des Gentianoidées est formé d'une seule assise de cellules provenant de l'assise externe du tégument ovulaire, les assises sousjacentes n'existant plus qu'à l'état de débris ou ayant complètement disparu.“ Über den Verlauf seiner Ausbildung schreibt er: „La destruction du tégument ovulaire se poursuit graduellement de l'intérieur vers l'extérieur, l'assise externe se trouvant en définitive seule respectée pour constituer le tégument séminal.“

Bei allen vier von mir untersuchten heterotrophen Arten erfolgt die Bildung der Samenschale durchaus entsprechend den von Guérin gemachten Angaben.

a) *Voyria coerulea.*

Im Stadium des achtkernigen Embryosackes besteht das Integument aus 3—4 Schichten. Ihre Zellen sind alle ungefähr gleich stark entwickelt (Abb. 15*b*). Zu Beginn der Endospermentwicklung vergrößert sich die äußerste Zellage stark. Ihre Zellen sind in radialer Richtung gestreckt und dicht mit Plasma und Stärke erfüllt (Abb. 28*a*).

Die inneren Integumentschichten, die schon von Anfang nur wenig Stärke enthielten, sind nun völlig stärkefrei. Im weiteren Verlaufe der Samenentwicklung werden sie vollständig verdrängt, und es verschwinden, wie Guérin schon bemerkt hatte, die Innern zuerst. Im ausgereiften Samen sind sie ganz verschwunden oder liegen etwa noch als dünne Lamelle zerdrückter Reste der Samenschale innen an.

Gleichzeitig mit der Verdrängung der inneren Integumentschichten erfolgt in der äußersten Schicht, die allein zur Samenschale wird, die Ausbildung von Wandverdickungen. Diese werden an den tangentialen Innenwänden und am unteren Teil der radialen Seitenwände angelegt; der äußere Teil der Radialwände sowie die äußeren Tangentialwände bleiben also unverdickt (Abb. 29*a* und *b* und 36*a*). Die Zellen enthalten noch alle einen Kern, welcher der zu verdickenden Wand angelagert ist, und führen reichlich Plasma und Stärke (Abb. 29*a*).

In ausgereiften Samen (Abb. 29*b*) ist die Wandverdickung gegenüber dem in Abb. 29*a* dargestellten Stadium noch bedeutend verstärkt worden. Sie nimmt jetzt fast die innere Hälfte der Zellräume ein. In der Flächenansicht zeigen die Zellen der Samenschale stark wellig verbogene Wände (Abb. 36*b*). Die Wandverdickungen in der Samenschale von *Voyria coerulea* sind also ähnlich wie bei den von Guérin beschriebenen *Exacum*-Arten.

Die Gesamtheit der verdickten Wände bildet im ausgereiften Samen eine zusammenhängende Schicht, die das ganze Endosperm umgibt. Sie sind im natürlichen Zustande gelb gefärbt und geben mit Anilinsulfat-Schwefelsäure Gelb-, mit Phlorogluzin-Salzsäure Rotfärbung.

Die unverdickten Außenwände der die Samenschale bildenden Zellen sind stark linsenförmig nach außen vorgewölbt (Abb. 36*a*). Abb. 29*b* gibt kein richtiges Bild von Form und Größe der Zellen der Samenschale, da die mit der Präparation verbundene Entwässerung und das Einbetten in Paraffin eine Kontraktion der Zellwände verursachen.

Der Mikropylengang ist während der Endospermbildung durch das Wachstum der künftigen Samenschalzellen geschlossen worden (Abb. 29*a* und *b*). Der Same ist allseits, bis auf die kleine Ansatzstelle an der Plazenta von der verdickten Samenschale umgeben. Die reifen Samen sind breit oval, ihr Längsdurchmesser beträgt etwa 0,3 mm, der Querdurchmesser 0,2—0,25 mm.

b) *Voyriella parviflora.*

Als einzigen Vertreter saprophytischer Gentianaceen hat Guérin (1904, S. 52) *Voyriella parviflora* auf die Bildung der Samenschale hin untersucht. Er faßt seine Ergebnisse in folgenden Sätzen zusammen: „L'assise tégumentaire est formée de cellules à parois peu épaisses. Les faces latérales portent de très étroites bandes d'épaississement à peine apparentes, et la face interne des ponctuations excessivement fines.“ Es ist mir gelungen, die Bildung der Samenschale von *Voyriella parviflora* schrittweise zu verfolgen.

Schon kurz nach der Befruchtung, wenn das Endosperm aus 2—4 Zellen besteht, beginnt die äußere der 3—4 Integumentschichten sich stark zu vergrößern. Ihre Zellen dehnen sich namentlich in radialer Richtung, so daß sie bald breiter sind als die drei inneren Integumentschichten zusammen (Abb. 30*a*). Ihre Zellräume enthalten reichlich Stärke, während diese den Zellen der inneren Schichten völlig fehlt.

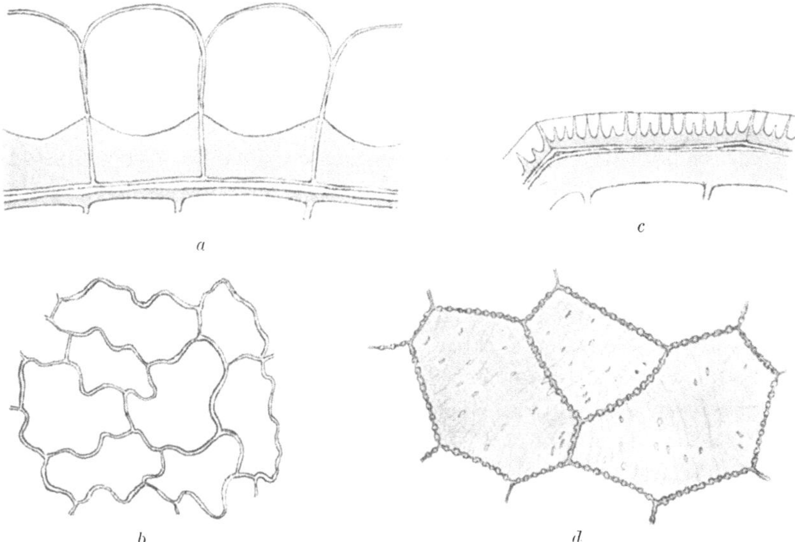

Abb. 36. Zellen der Samenschale. *Voyria coerulea*. *a* Querschnitt durch die Samenschale. Die innere Tangentialwand, sowie der untere Teil der Radialwände sind verdickt, die äußere, unverdickte Tangentialwand ist stark linsenförmig nach außen vorgewölbt. *b* Flächenansicht der Samenschale; die Zellwände sind stark wellig verbogen. *Voyriella parviflora*. *c* Querschnitt einer Zelle. In der Radialwand erfolgt die Verdickung in der Gestalt zahlreicher Leisten. *d* Flächenansicht; die verdickte innere Tangentialwand weist feine, ovale Tüpfel auf. Vergr. 336:1.

In den Zellen der äußersten Schicht werden die tangentialen Innenwände, sowie die radialen Seitenwände partiell verdickt. Die äußeren Tangentialwände bleiben wie bei *Voyria* unverdickt. Die Verdickung der Radialwände ist aber bei *Voyriella* keine vollständige. Sie erfolgt in Gestalt zahlreicher Leisten, die zum Teil bis zur äußeren Tangentialwand reichen (Abb. 36*c*). In Flächenansichten läßt sich erkennen, daß sich diese Leisten über die ganze verdickte Innenwand hin erstrecken (Abb. 36*d*). Zwischen den Verdickungsleisten sind, wie schon Guérin erwähnt hat, in der Innenwand feine, ovale Tüpfel sichtbar.

Die Zellen der Samenschale enthalten auch in den ältesten Samen, die mir zur Verfügung standen, noch Kern, Plasma und öfters auch

Stärkekörner. Ihr Zellinhalt ist dunkelbraun gefärbt und macht die Zellen dermaßen undurchsichtig, daß die Art der Wandverdickungen erst nach dem Herauslösen des Zellinhaltes deutlich erkannt werden kann.

Die Zellen der inneren Integumentschichten degenerieren, die innerste Schicht zuerst, die äußeren später. Kern und Plasma werden resorbiert, die Wände bleiben noch eine Zeitlang erhalten. Schließlich werden sie zusammengeschoben und liegen noch lange als dünne Lamelle zwischen der eigentlichen Samenschale und der dicken Außenwand der Endospermzellen (Abb. 31*b* und 36*c*). Der Mikropylengang, der in den ersten Stadien der Endospermbildung noch deutlich sichtbar ist, ist im reifen Samen völlig verschwunden. Die Samenschale ist allseitig geschlossen und umgibt den Samen gleichmäßig.

Die reifen Samen messen durchschnittlich 0,25 mm im Durchmesser.

c) *Leiphaimos spec.*

Die Samenanlagen von *Leiphaimos* wurden von Johow (1885, S. 444) als nackt beschrieben, da die Ausbildung eines Integumentes unterbleibt. Dann muß konsequenterweise auch die Bildung einer typischen Samenschale unterbleiben, da diese ja ihren Ursprung aus dem Integument nimmt. So schreibt Goebel (1923, S. 1755): ,,Die Samenanlagen der saprophytisch lebenden *Leiphaimos*-Arten werden als nackt beschrieben, d. h. also die Anlegung eines Integumentes kann unterbleiben, weil die ganze Ökonomie des Samens so eingerichtet ist, daß die Samenschale, die ihn sonst während der Ruheperiode schützt, entbehrlich ist.“ Nun ist aber schon von Johow (1885, S. 444 und Taf. XVIII, Abb. 62—63) wenigstens für *Leiphaimos trinitatis* eine Samenschale beschrieben worden, die ihren Ursprung aus der äußersten Schicht der Samenanlage nimmt.

Auch bei der von mir untersuchten *Leiphaimos*-Art findet die Ausbildung einer Samenschale statt, die der von *L. trinitatis* ähnlich ist. Sie geht aus der äußersten Zellschicht der Samenanlage hervor. Bei den übrigen Gentianaceen ist dies die äußerste Schicht eines typischen Integumentes, hier dagegen die äußerste Schicht eines Integument und Nucellus vertretenden einheitlichen Gewebes. Seine beiden inneren Schichten gehen im Verlauf der Entwicklung zugrunde, ähnlich wie bei den integumentbildenden Formen die inneren Schichten der Integumente verschwinden.

Schon in Samenanlagen, deren Embryosäcke 4—8 Endospermkerne aufweisen, beginnen sich die Innen- und Radialwände der Außenzellschicht zu verdicken (Abb. 33*a*). Die tangentialen Außenwände bleiben stets unverdickt. Die Verdickung der Radial- und inneren Tangentialwände ist keine vollständige und gleichmäßige. Es werden 8—12 Verdickungsleisten angelegt, die sich von einer Radialwand über die innere

Tangentialwand zur gegenüberliegenden Radialwand erstrecken. In der Tangentialwand treten die einzelnen Leisten miteinander in Verbindung, doch bleiben zwischen ihnen stets größere oder kleinere Partien unverdickt, so daß der Verlauf der einzelnen Leisten meistens deutlich erkennbar ist (Abb. 37*b*).

Bei *Leiphaimos spec.* werden die beiden innerhalb der Samenschale gelegenen Schichten nicht vollständig aufgelöst. Die Innenwände der an den Embryosack grenzenden innersten Schicht bleiben erhalten und verdicken sich im Verlauf der Ausbildung des Samens. Sie bilden sich zu einer außen glatten, innen fein gerillten, wie mit vielen Wärzchen bedeckten Membran aus, die dem Endosperm dicht anliegt. Sie ist fast

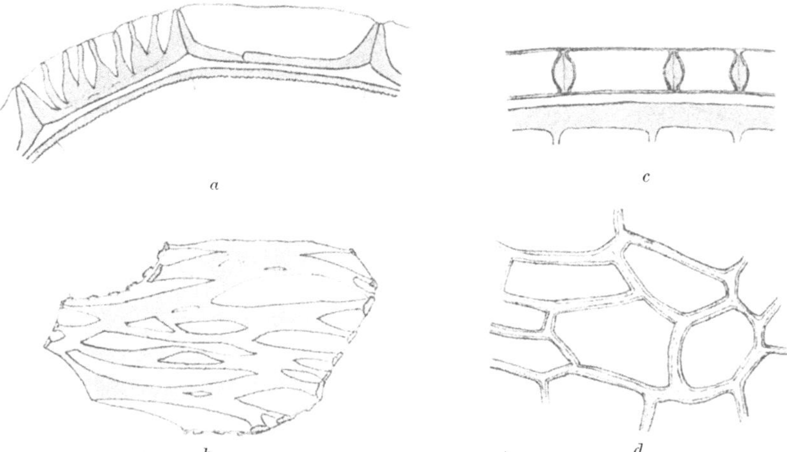

Abb. 37. Zellen der Samenschale. *Leiphaimos spec.* *a* Querschnitt und *b* Flächenansicht einer Zelle. Die Verdickung der Radial- und der inneren Tangentialwand erfolgt in Gestalt von Leisten, die in der Tangentialwand miteinander in Verbindung treten. *Cotylanthera tenuis.* *c* Querschnitt und *d* Flächenansicht von Zellen der Samenschale. Radial- wie Tangentialwände sind gleichmäßig verdickt, sodann sind die mittleren Schichten der Radialwände stark gequollen. Vergr. 336 : 1.

ebenso stark entwickelt wie die innere Tangentialwand der Samenschale. Die beiden verdickten Wandschichten sind, trotzdem sie im entwickelten Samen dicht aneinander schließen, doch deutlich voneinander unterscheidbar. Die zwischen ihnen vorhanden gewesenen übrigen Teile der inneren Zellschichten sind vollständig verschwunden (Abb. 33*b*).

Ein ausgebildeter Samen von *Leiphaimos spec.* hat eine mittlere Länge von 0,32 mm, seine größte Breite beträgt etwa 0,26 mm.

d) *Cotylanthera tenuis.*

Die Bildung der Samenschale vollzieht sich bei *Cotylanthera* im Prinzip wie bei den übrigen saprophytischen Gentianaceen und speziell in großer Übereinstimmung mit *Leiphaimos.* Nur die äußerste Zellschicht bleibt im entwickelten Samen erhalten. Sie verdickt ihre Wände und bildet die Samenschale, die inneren beiden Schichten verschwinden. Die Ausbildung der Samenschale wird wieder zu Beginn der Endospermentwicklung eingeleitet. Die Zellen der äußersten Schicht sind zunächst, wie übrigens diejenigen der inneren Zellschichten mit Stärke vollgepfropft.

In einem folgenden Stadium verdicken sich in der zur Samenschale werdenden Zellschicht die Radial- und Tangentialwände gleichmäßig. Sodann beginnen die mittleren Schichten der Radialwände zu quellen. Die quellende Schicht wird in der Mitte der Radialwand am stärksten und nimmt gegen die Tangentialwände hin gleichmäßig an Mächtigkeit ab (Abb. 35*b* und *c* und Abb. 37*c*).

Die inneren Zellschichten werden ganz abgebaut. Stärke, Plasma und auch die Zellwände verschwinden vollständig. Reste ihrer Membranen, wie sie etwa bei *Voyriella* noch zu sehen sind, konnte ich nie feststellen. FIGDOR (1897, S. 237) ist der Ansicht, daß bei *Cotylanthera* die inneren Schichten zerdrückt und desorganisiert werden und ihr Material zur Bildung des Endosperms verwendet wird, dessen äußerste Membranen sehr dick sind und gequollen erscheinen.

Entwickelte Samen von *Cotylanthera* messen in der Längsrichtung 0,22 mm und sind 0,1 mm breit.

VIII. Zusammenfassung und Besprechung der wichtigsten Ergebnisse.

Ersichtlich sind bei allen vier untersuchten saprophytischen Gentianaceen Abweichungen von der Ausbildung der chlorophyllführenden Arten vorhanden, von denen anzunehmen ist, daß sie mit der saprophytischen Lebensweise in Beziehung stehen. Diese Abweichungen erstrecken sich nicht nur auf die Ausbildung der vegetativen Organe, sondern auch weitgehend auf die einzelnen Organe der Blüten, im besonderen des Androezeums und Gynäzeums. Sie gehen nicht bei allen vier Arten gleich weit, sondern lassen sich in eine Reihe fortlaufender Reduktionen stellen, von denen die erste sich nur wenig von den chlorophyllführenden Arten der Familie unterscheidet, während die letzten oft so weitgehende Veränderungen zeigen, daß typische Familienmerkmale gar nicht mehr zum Ausdruck kommen. Die stärker reduzierten Formen gleichen auffallend anderen saprophytischen Arten aus anderen selbst sehr entfernt stehenden Familien.

Wenn wir die Gesamtheit aller Reduktionen betrachten, so ist es gar nicht leicht zu entscheiden, welche Art als Ganzes am wenigsten und welche am meisten reduziert ist, denn es sind bei einer jeden Art nicht alle Merkmale in gleichem Grade reduziert. Wir können für *jedes* Merkmal eine besondere Reduktionsreihe aufstellen, wobei die Reihenfolge der einzelnen Arten nicht immer die gleiche ist. In allen Abschnitten der Arbeit sind die vier untersuchten Arten nach dem Grade der Reduktionsvorgänge in der Ausbildung der Samenanlagen und der Bestäubungsverhältnisse geordnet, also *Voyria coerulea, Voyriella parviflora, Leiphaimos spec.* und *Cotylanthera tenuis.*

1. Im Bau der *Leitbündel* und in der Anordnung der *mechanischen Gewebe* im Stengel stimmen *Voyria* und *Voyriella* noch ganz mit den autotrophen Gentianaceen überein. Ihre Leitbündel bilden einen geschlossenen Ring und sind bikollateral. Auch *Cotylanthera* hat bikollaterale Leitbündel, doch ist deren Hadrom nur sehr spärlich entwickelt. Des weiteren unterscheidet sich *Cotylanthera* von den beiden erstgenannten Arten durch den gänzlichen Mangel besonderer mechanischer Gewebe im Stengel. Die neu untersuchte *Leiphaimos*-Art weicht nach derselben Richtung vom typischen Stengelbau der autotrophen Gentianaceen und der Gattungen *Voyria, Voyriella* und *Cotylanthera* ab, wie die früher untersuchten Arten der Gattung (vgl. Johow, Solereder). Der Festigungsring liegt im Pericykel. Auf seiner Innenseite schließen sich die Leitbündel an, die nicht mehr bikollateral, sondern einfach kollateral gebaut sind. Die wenigen Gefäße ihres Hadroms liegen direkt innerhalb des Verdickungsringes, die Leptomelemente ausschließlich auf der inneren, markständigen Seite.

2. Die vier untersuchten Arten besitzen sämtlich kleine schuppenförmige Stengelblättchen. Sie werden bei *Voyria* und *Voyriella* von 5—7 unverzweigten und frei endigenden Leitbündeln durchzogen; bei *Leiphaimos* und *Cotylanthera* dagegen ist das Leitungssystem der Blattspreiten auf das Leitbündel der Mittelrippe reduziert. Ein typisches Assimilationsgewebe kommt bei keiner Art mehr zur Entwicklung. Das Mesophyll besteht aus einem wenigschichtigen Gewebe gleichartiger, parenchymatischer und ziemlich dicht zusammenschließender Zellen.

Ober- und Unterseite der Stengel- und Kelchblätter aller vier Arten besitzen *Spaltöffnungen* in beschränkter Anzahl (bei *Voyriella* z. B. 20—30 auf jeder Blattseite). Den ursprünglichsten Bau dürften diejenigen von *Voyriella* beibehalten haben. Die untersuchten Vertreter der drei anderen saprophytischen Gattungen weisen sämtlich mehr oder weniger reduzierte Stomata auf. Diese sind verhältnismäßig klein, leicht über die Epidermis emporgehoben und ihre Bauchwände sind gleichmäßig verdickt. Auf der Blattoberseite von *Voyria* ist eine Umwandlung der Stomata in Wasserspalten zu beobachten.

Voyriella und *Leiphaimos* führen in der Epidermis der Blättchen vier- bis fünfzellige Zellgruppen von der ungefähren Größe der Spaltöffnungsapparate, die wohl als *Schleimbehälter* zu deuten sind.

3. Die *Blüten* von *Voyria coerulea* und der von mir untersuchten *Leiphaimos*-Art haben zur Zeit der Anthese eine Länge von 4—5 cm, diejenigen von *Voyriella parviflora* und *Cotylanthera tenuis* dagegen sind

nur 5—7 mm lang. Kelch, Krone und Androezeum sind bei den drei erstgenannten Arten *fünf*-, bei *Cotylanthera vier*zählig.

Die *Kelchblätter* sind bei *Voyriella* bis zum Grunde frei, bei den drei anderen Arten bis auf die kurzen Spitzen miteinander verwachsen. In ihrem anatomischen Bau stimmen die Kelchblätter weitgehend miteinander überein. Ihr Mesophyll besteht, ähnlich wie dasjenige der Stengelblättchen, aus einem wenigschichtigen Gewebe gleichartiger, parenchymatischer Zellen. Das Leitungssystem ist bei allen vier Arten auf das Leitbündel der Mittelrippe reduziert.

Außer *Voyria* besitzen alle Arten *Diskusschuppen* innerhalb des Kelches. Bei *Leiphaimos* stehen sie in einem geschlossenen Kranze, bei *Voyriella* in fünf getrennten Gruppen vor den Rändern und bei *Cotylanthera* in vier Gruppen vor der Mitte der Kelchblätter.

Bei *Voyria* und *Leiphaimos* bildet die *Corolla* eine 2—3 cm lange, schmale Röhre, die sich unterhalb des Kronschlundes etwas erweitert. Die freien Kronzipfel sind zur Zeit der Anthese nach außen zurückgekrümmt. Die glockenförmige Krone von *Voyriella* ragt nur wenig über die Kelchblätter empor. Bei *Cotylanthera* ist die kurze Kronröhre vom Kelch bedeckt, die freien Kronzipfel stehen weit ab.

Bei *Voyria* und *Leiphaimos* besteht die Wand der Kronröhre aus 10—12 Schichten parenchymatischer Zellen, die ein dichtes Mesophyllgewebe bilden. Bei *Voyriella* und *Cotylanthera* hingegen ist dasselbe locker und interzellularenreich. Die Kronröhre wird bei den fünfzähligen Blüten von 10, bei *Cotylanthera* von 8 Leitbündeln durchzogen.

4. Die Antheren von *Voyria* und *Leiphaimos* sitzen an kurzen Filamenten im oberen, erweiterten Teile der Kronröhre. Bei *Voyriella* sind sie durch kurze Filamente im mittleren Teile, bei *Cotylanthera* durch lange Filamente im unteren Teile der Kronröhre angeheftet. Bei den drei Arten mit fünfzähligen Blüten sind die Antheren zu einer Röhre verklebt.

Die Antheren aller vier Arten enthalten je vier *Pollensäcke*. Bei der untersuchten *Leiphaimos*-Art sind alle vier Pollensäcke, bei *Voyria* nur die beiden inneren über die Ansatzstelle des Filamentes hinaus nach unten verlängert. Die Antheren von *Cotylanthera* sind in tangentialer Richtung stark abgeflacht, so daß die Pollenfächer der Theken nicht radial hintereinander, sondern fast nebeneinander liegen. Bei *Voyriella* sind die Konnektive bedeutend über die Pollenfächer hinaus verlängert.

5. Die Zellen des *Tapetums* sind bei *Voyria* und *Leiphaimos* in radialer Richtung gestreckt. An der dem Konnektiv zugekehrten Seite ragen mehrschichtige Komplexe von Tapetenzellen weit ins Innere der Pollenfächer hinein. Alle Tapetenzellen bleiben einkernig. *Voyria* und *Leiphaimos* zeigen also in der Ausbildung des Tapetums Anklänge an den von Guérin bei *Gentiana* und *Swertia* festgestellten Typus.

Voyriella und *Cotylanthera* dagegen haben ein einschichtiges Tapetum aus in tangentialer Richtung gestreckten und ebenfalls einkernig bleibenden Zellen. — Bei allen vier untersuchten Arten verschwindet das Tapetum erst im Verlaufe der späteren Reifung der Pollenkörner, ohne sich jedoch in ein Periplasmodium aufzulösen.

Bei *Voyria, Voyriella* und *Leiphaimos* wird eine *fibröse Schicht* ausgebildet. Die Antheren öffnen sich über der Trennungswand der Pollenfächer jeder Theke. Bei *Cotylanthera* unterbleibt die Ausbildung einer fibrösen Schicht. Alle vier Pollenfächer verschmelzen, und die Öffnung erfolgt durch einen apikalen Porus.

6. Die *Tetraden-* und *Reduktionsteilung* in den Pollenmutterzellen verläuft bei allen vier untersuchten Arten, soweit erkennbar, normal. Die Pollenmutterzellen bleiben bis zum Stadium der Pollentetraden in festem Verbande. Ihre Wände werden stark verdickt, gallertig und erst nach der Ausbildung der Tetraden aufgelöst.

7. Die jungen, einkernigen *Pollenkörner* von *Voyria* haben zunächst kugelige Gestalt und besitzen drei Keimporen. Älterer Pollen weist die von GILG angegebene längliche, schwach wurstförmige Gestalt auf. *Voyriella* besitzt konstant kugeligen Pollen mit drei Keimporen. Bei *Leiphaimos* sind die Pollenkörner breit oval und weisen zwei Poren auf. *Cotylanthera* hat Pollen von tetraedrischer Gestalt und drei Keimporen.

Die Wand der Pollenkörner besteht bei allen vier Arten aus einer dicken, glatten *Exine* und einer sehr dünnen *Intine.*

8. Die *progame Teilung* im Pollenkorn, sowie das Einwandern der generativen Zelle ins Innere der vegetativen erfolgt bei allen vier untersuchten Arten ohne Abweichungen vom normalen Typus.

Bei *Voyria* und *Voyriella* vollzieht sich die Teilung des *generativen Kernes* schon im Innern des Pollenkornes, bei *Cotylanthera* dagegen findet sie wohl erst im Pollenschlauch statt. Für *Leiphaimos* fehlen die entsprechenden Stadien.

Die *Keimung* der Pollenkörner erfolgt bei *Voyriella, Leiphaimos* und *Cotylanthera* im Innern der Pollenfächer, bei *Voyria* konnten entsprechende Stadien nicht gefunden werden.

Bei der *apogamen Cotylanthera* geht die Entwicklung des Pollens zunächst ganz normal vor sich. Reduktionsteilungen und progame Teilung vollziehen sich scheinbar ungestört. Erst nach der Einwanderung der generativen Zelle beginnen die Pollenkörner zu *degenerieren.* Offene Antheren enthalten neben viel degeneriertem Pollen nur vereinzelte, normale Körner.

9. Über die *Chromosomenzahlen* der Gentianaceen ist noch sehr wenig bekannt. Nach DENNISTON (1913, S. 383) beträgt die Haploidzahl für *Gentiana procera* etwa 40, für *Gentiana lutea* nach STOLT (1921, S. 28) 21 Chromosomen.

Für die vier untersuchten saprophytischen Arten wurden die Chromosomenzahlen vor allem beim Studium der Reduktionsteilungen in den Pollenmutterzellen festzustellen versucht. Ferner boten zum Teil günstige Stadien die Teilung des progamen Pollenkornkerns, ferner die Teilung der Embryosackmutterzelle und einzelne Teilungsschritte im Embryosacke. Die nachfolgenden Angaben machen keinen Anspruch auf absolute Sicherheit, und es wurde daher auf die Festlegung auf eine bestimmte Zahl verzichtet. Die Chromosomenzahlen sind:

Voyria coerulea: Haploidzahl 18—20 (erschlossen aus der Zahl der Gemini in den Prophasen und der Anzahl längsgespaltener Chromosomen in den Anaphasen der heterotypischen Teilung der Pollenmutterzellen).

Voyriella parviflora: Haploidzahl 10—14 (erschlossen aus der Zahl der Gemini in der Diakinese und der Zahl der Chromosomen in den Anaphasen der homöo- wie heterotypischen Teilung der Pollenmutterzelle).

Leiphaimos spec.: Haploidzahl 16—20 (erschlossen aus der Zahl der Gemini in den Prophasen der heterotypischen Teilung der Embryosackmutterzelle).

Cotylanthera tenuis: *Haploidzahl* 16—18, *Diploidzahl* 32—36. (Haploidzahl erschlossen aus der progamen Teilung in Pollenkörnern, Diploidzahl aus den Teilungen der Embryosackmutterzelle und den nachfolgenden Teilungen im Embryosack.)

10. Das *Gynäzeum* wird bei allen vier Arten von zwei verwachsenen Karpellen gebildet.

Die zweilappige *Narbe* von *Voyriella* steht auf gleicher Höhe mit den Antheren, die trichterförmige von *Voyria* und *Leiphaimos* unmittelbar oberhalb der Antheren. *Cotylanthera* besitzt eine kopfige Narbe, welche die Spitze der Antheren beträchtlich überragt.

Der *Fruchtknoten* von *Voyria* und *Leiphaimos* ist einfächerig. Die beiden wandständigen *Plazenten* sind durch einen tiefen Einschnitt in zwei Lappen geteilt. Der Fruchtknoten von *Voyriella* ist im obersten Teile einfächerig, weiter abwärts entstehen kurze Scheidewände, die sich im untersten Teile des Fruchtknotens treffen und also die Fruchtknotenbasis zweifächerig machen. Dieser Gliederung des Fruchtknotenraumes entsprechend sind die Plazenten im obersten Teile des Fruchtknotens wandständig und tief geteilt, während sie im mittleren Teil auf der Innenseite der Scheidewände nach innen verlagert werden. Im untersten Teil des Fruchtknotens ist die Plazenta stark reduziert. Die Fruchtknotenhöhle wird hier zum größten Teil durch Samenanlagen eingenommen, die an langen Stielen vom mittleren Teil der Plazenta hinunterhängen. *Cotylanthera* hat einen vollständig zweifächerigen Fruchtknoten. Die wulstigen Plazenten stehen an der Scheidewand.

Die Fruchtknoten aller vier Arten enthalten zahlreiche Samenanlagen. Plazenten und Samenanlagen füllen die Fruchtknotenhöhle fast vollständig aus. Bei *Voyria* und *Voyriella* verbleiben zwischen den einzelnen

Samenanlagen kleine Zwischenräume, während sie bei *Leiphaimos* und *Cotylanthera* so dicht nebeneinander angelegt werden, daß sie sich während der ganzen Entwicklung berühren und in der Entwicklung hemmen.

Das *Leitgewebe* für die Pollenschläuche besteht bei allen vier Arten aus einem Strang kollenchymatisch verdickter Zellen, der sich von der Narbe durch den ganzen Griffel median bis in den Fruchtknoten erstreckt. Hier teilt er sich in zwei Äste, von denen jeder in der Gabelungsstelle einer Plazenta bis zum Grunde des Fruchtknotens reicht. Bei *Cotylanthera* reichen die beiden Äste nur ein Stück weit in die beiden Plazenten hinein.

Bei allen vier Arten wird der Fruchtknoten von sechs *Leitbündeln* durchzogen. Die beiden medianen Bündel der beiden Fruchtblätter führen in der Fruchtknotenwand nach oben und setzen sich durch den ganzen Griffel bis zur Narbe fort. Die vier seitlichen Bündel verlaufen bei *Voyria* und *Leiphaimos* außerhalb der Plazenten, bei *Voyriella* und *Cotylanthera* in den Plazenten selbst bis zum Griffelansatz.

11. Die *Samenanlagen* nehmen ihren Ursprung aus Epidermis und subepidermaler Schicht der Plazenta. Bei allen vier Arten bilden sie sich als kleine Höcker, die aus einer drei- bis vierzelligen, medianen Zellreihe und einem einschichtigen Mantel von Epidermiszellen bestehen. Die zentralen Zellen sind subepidermalen Ursprunges, die vorderste derselben wird zur *Embryosackmutterzelle.*

Durch perikline Teilungen der oberflächlichen Zellenlage wird das Ovulum mehrschichtig; bei *Voyriella* bleibt die Oberflächenzelle über dem Scheitel der Embryosackmutterzelle ungeteilt. *Voyria* und *Voyriella* bilden ein deutliches Integument aus, während bei *Leiphaimos* und *Cotylanthera* die Integumentbildung unterbleibt. Die den Embryosack umgebenden Zellenlagen versehen hier die Funktionen von Nucellus und Integument zugleich.

Bei *Voyria* werden die Samenanlagen durch starke Krümmung typisch *anatrop*; bei den drei anderen Arten unterbleibt die Drehung des Scheitels. Die Samenanlagen von *Leiphaimos* und *Cotylanthera* sind nur *äußerlich orthotrop, innerlich aber anatrop,* d. h., ihr Embryosack ist wie in anatropen Samenanlagen orientiert. Die Samenanlagen von *Voyriella* dagegen sind *orthotrop,* ihr Eiapparat befindet sich am Mikropylarende des Embryosackes.

12. Die *Tetraden-* und *Reduktionsteilung* der Embryosackmutterzelle verläuft bei *Voyria*, *Voyriella* und *Leiphaimos* normal. Bei der apogamen *Cotylanthera* unterbleibt während der Tetradenteilung die numerische Reduktion der Chromosomen. Die ersten Stadien der heterotypischen Teilung, Synapsis und Spirem verlaufen scheinbar normal. In der Diakinese unterbleibt dagegen die Paarung homologer Chromosomen, in den Anaphasen der ersten Teilung weichen Chromosomenlängshälften auseinander. Die Kerne der Tetradenzellen besitzen alle die *diploide* Chromosomenzahl.

Von den Tetradenzellen entwickeln sich bei *Voyria* und *Voyriella* die der Chalaza, bei *Leiphaimos* und *Cotylanthera* die dem Scheitel der Samenanlage am nächsten liegende zum Embryosacke.

13. Die Ausbildung des achtkernigen *Embryosackes* vollzieht sich bei allen Arten in normaler Weise. Die Embryosäcke von *Voyriella* wachsen in die Mikropyle hinein und bestehen im ausgebildeten Zustande aus einem vorderen schmalen, halsähnlichen und einem hinteren, breiteren Bauchteil. Bei *Voyria, Voyriella* und *Leipheimos* befinden sich alle Samenanlagen eines Fruchtknotens in annähernd gleichem Entwicklungsstadium, bei der apogamen *Cotylanthera* weisen nebeneinanderliegende Samenanlagen oft ganz verschiedene Stadien auf.

Der *Eiapparat* entsteht bei *Leiphaimos* und *Cotylanthera* aus den Kernen der unteren, dem Funikulus zugekehrten Schmalseite des Embryosackes.

Die *Synergiden* von *Voyria* sind an ihrer Basis zugespitzt, diejenigen von *Cotylanthera* und *Leiphaimos* stumpf. *Voyriella* besitzt langgestreckte Synergiden, die sich durch den schmalen Hals des Embryosackes erstrecken. Vakuolen kommen nicht zur Ausbildung. Ein Fadenapparat fehlt den Synergiden aller vier Arten.

Die *Eizelle* liegt bei allen Arten in gleicher Höhe mit dem Scheitel der Synergiden.

Die Verschmelzung der beiden *Polkerne* findet bei *Voyria* und *Leiphaimos* am Eiende, unmittelbar unterhalb des Eiapparates, bei *Voyriella* und *Cotylanthera* in der Mitte des Embryosackes statt.

Alle vier Arten besitzen die normale Zahl von drei *Antipoden.*

14. *Bestäubung* und *Befruchtung* finden bei *Voyria, Voyriella* und *Leiphaimos* statt. Ob *Voyria* autogam oder allogam ist, konnte nicht ermittelt werden. *Voyriella* und *Leiphaimos* dagegen sind *autogam.* Die Bestäubung erfolgt, indem Teile der Narbe in direkte Berührung mit den Pollenfächern kommen, wobei die Pollenschläuche direkt auf die Narbe hinüberwachsen können.

Die Pollenschläuche wachsen *endotrop* im leitenden Gewebe von Narbe und Griffel bis in den Fruchtknoten. Hier erfolgt deren Leitung bei *Voyria* und *Voyriella ektotrop* den Epidermiszellen der Plazenten und den Integumentaußenseiten entlang zur Mikropyle, bei *Leiphaimos endotrop durch das Gewebe der Plazenten und durch den Funikulus der Samenanlagen zum Embryosacke.*

Bei *Leiphaimos* dringt der Pollenschlauch stets, bei *Voyria* ebenfalls in vielen Fällen in eine der Synergiden ein. In anderen Samenanlagen findet der Pollenschlauch seinen Weg in den Embryosack ohne Vermittlung der Synergiden. Bei *Voyriella* konnte die Art des Vordringens des Pollenschlauches im halsähnlichen Teile des Embrosackes nicht genau verfolgt werden.

Eine *Doppelbefruchtung* findet bei den drei untersuchten Arten von *Voyria, Voyriella* und *Leiphaimos* in normaler Weise statt.

Cotylanthera ist *apogam*. Die Narben aller untersuchten Blüten, mit Ausnahme einer einzigen, waren unbestäubt geblieben. Im leitenden Gewebe des Griffels wurden nie Pollenschläuche angetroffen. Die diploide Eizelle entwickelt sich ohne Befruchtung zum Embryo.

15. Bei allen vier Arten beginnt die *Keimzelle* ihre Entwicklung erst, nachdem die Endospermbildung schon fast zum Abschluß gekommen ist. Während den ersten Stadien der Endospermbildung liegt die Keimzelle als unscheinbare, plasmaarme Zelle an der Embryosackwandung.

Die entwickelten *Embryonen* aller vier Arten bestehen aus einem zwei- bis dreizelligen Suspensor und einem kugelförmigen Scheitel, der bei *Voyriella* aus 16—24, bei *Cotylanthera* aus 8—16, bei *Voyria* aus 6—10 und bei *Leiphaimos* aus 3—4 Zellen gebildet wird.

16. *Voyria* und *Voyriella* haben *zelluläres*, *Leiphaimos* und *Cotylanthera nukleäres* Endosperm. Bei den beiden letztgenannten Arten erfolgt die simultane Zellbildung im Endosperm, nachdem acht freie Kerne gebildet worden sind. Bei *Voyria*, *Voyriella* und *Leiphaimos* liegt die Spindelachse bei der Teilung des sekundären Embryosackkernes in der *Längs-*, bei *Cotylanthera* in der *Querrichtung* des Embryosackes.

Reife *Samen* von *Cotylanthera* und *Voyriella* besitzen 30—40, von *Voyria* und *Leiphaimos* 12—15 Endospermzellen. Die Wände der Endospermzellen sind verdickt und bestehen aus Reservezellulose. Besonders stark ausgebildet werden bei *Voyriella* und *Leiphaimos* die peripheren Wände der äußersten Zellen, die das Endosperm gegen die Samenschale abschließen. Als Reservestoff des Zellinhaltes treten bei *Voyriella* Stärke und Eiweißkristalle zugleich, bei *Voyria* in den ersten Stadien der Endospermbildung Stärke, in den späteren Eiweißkristalle auf. *Leiphaimos* und *Cotylanthera* führen in ihren Endospermzellen nur Eiweißkristalle.

Bei *Voyria* und *Voyriella* entwickeln sich in allen, bei *Leiphaimos* und *Cotylanthera* nur in einem Teil der untersuchten Blüten die große Mehrzahl der Samenanlagen zu Samen. Bei den beiden letztgenannten Arten trifft man hier und da Fruchtknoten, in denen sich nur ganz vereinzelte Samenanlagen zu Samen ausgebildet haben.

17. Die *Samenschale* geht bei *Voyria* und *Voyriella* aus der äußersten Schicht des Integumentes, bei *Leiphaimos* und *Cotylanthera* aus der äußersten Schicht des ungegliederten Nucellusgewebes hervor. Von den inneren Zellschichten des Integumentes, bzw. des Nuzellusgewebes bleiben bei *Leiphaimos* die Innenwände der innersten Schicht erhalten. Bei den drei anderen Arten verschwinden die inneren Schichten vollständig oder bleiben noch als dünne Lamelle zerdrückter Reste innerhalb der Samenschale bestehen.

In den Zellen der Samenschale werden bei *Voyria* die inneren Tangential- und der innere Teil der Radialwände vollständig und gleichmäßig, bei *Voyriella* und *Leiphaimos* die inneren Tangential- und die gesamten Radialwände partiell durch Leisten verdickt. Bei *Cotylanthera* verdicken sich alle Wände gleichmäßig, die inneren Schichten der Radialwände erfahren in den letzten Stadien der Samenreife starke Quellung.

IX. Literaturverzeichnis.

1. **Bonnet, J.** (1912): Recherches sur l'évolution des cellules-nourricières du pollen chez les Angiospermes. Arch. f. Zellforsch. **7**, 604—712, 17 Fig., 7 Taf. 1912. — 2. **Ernst, A.** (1913): Embryobildung bei *Balanophora*. Flora **106**, 129 bis 159, 2 Taf. 1913. — 3. Ders. (1918): Bastardierung als Ursache der Apogamie im Pflanzenreich. Eine Hypothese zur experimentellen Vererbungs- und Abstammungslehre. 665 S., 172 Fig. u. 2 Taf. Jena 1918. — 4. Ders. und **Bernard, Ch.** (1909—1912): Beiträge zur Kenntnis der Saprophyten Javas. 2) Äußere und innere Morphologie von *Thismia javanica* J. J. S. Ann. du Jard. bot. de Buitenzorg. 2. Sér., **8**, 36—47, 3 Taf. 1909. — 3) Embryologie von *Thismia javanica* J. J. S. Ebenda 2. Sér. **8**, 48—61, 4 Taf. 1909. — 5) Anatomie von *Thismia clandestina* Miq. und *Thismia Versteegii* Sm. Ebenda 2. Sér. **9**, 61—69, 3 Taf. 1911. — 6) Beiträge zur Embryologie von *Thismia clandestina* Miq. und *Thismia Versteegii* Sm. Ebenda 2. Sér. **9**, 70—78, 2 Taf. 1911. — 8) Äußere und innere Morphologie von *Burmannia candida* Engl. und *Burmannia Championii* Thw. Ebenda 2. Sér., **9**, 84—97, 2 Taf. 1911. — 9) Entwicklungsgeschichte des Embryosackes und des Embryos von *Burmannia candida* Engl. und *B. Championii* Thw. Ebenda 2. Sér., **10**, 161—188, 5 Taf. 1912. — 11) Äußere und innere Morphologie von *Burmannia coelestis* Don. Ebenda 2. Sér., **11**, 223 bis 233, 1 Taf. 1912. — 12. Entwicklungsgeschichte des Embryosackes, des Embryos und des Endosperms von *Burmannia coelestis* Don. Ebenda 2. Sér., **11**, 234—257, 4 Taf. 1912. — 14) Äußere und innere Morphologie von *Burmannia tuberosa* Becc. Ebenda 2. Sér., **13**, 102—120, 5 Taf. 1914. — 15) Embryologie von *Burmannia tuberosa* Becc. Ebenda 2. Sér. **13**, 121—124, 1 Taf. 1914. — 5. Ders. und **Schmid, Ed.** (1913): Über Blüte und Frucht von *Rafflesia*. Morphologisch-biologische Beobachtungen und entwicklungsgeschichtlich-cytologische Untersuchungen. Ebenda 2. Sér., **12**, 1—58, 8 Taf. 1912. — 6. **Figdor, W.** (1897): Über *Cotylanthera tenuis* Bl. Ebenda **14**, 213—240, 2 Taf. 1897. — 7. **Gilg, E.** (1895): Gentianaceae. In Engler-Prantl: Die natürlichen Pflanzenfamilien. IV. Teil, 2. Abt., 50—108, 48 Fig. Leipzig 1897. — 8. **Goebel, K.** (1923): Organographie der Pflanzen. 3. Teil, 3. H., 1693—1789, 70 Fig. Jena 1923. — 9. Ders. und **Suessenguth, K.** (1924): Beiträge zur Kenntnis einiger südamerikanischer Burmanniaceen. Flora **117**, 55—90, 2 Textfig. u. 2. Taf. 1924. — 10. **Guéguen, F.** (1901): Anatomie comparée du tissu conducteur du style et du stigmate des Phanérogames. Diss. Paris. 136 S., 22 Taf. — 11. **Guérin, P.** (1904): Recherches sur le développement et la structure anatomique du tégument séminal des Gentianacées. Journ. de botan. **18**, 33—52 u. 83—88, 25 Fig. 1904. — 12. Ders.: (1924): Le développement de l'anthère et du pollen chez les Gentianes. Cpt. rend. hebdom. des sèances de l'acad. des sciences **179**, 1620 bis 1622, 2 Fig. 1924. — 13. Ders. (1925): L'anthère des Gentianacées. Développement du sac pollinique. Ebenda **180**, 852—854, 2 Fig. Paris 1925. — 14. **Habermann, A.** (1906): Der Fadenapparat in den Synergiden der Angiospermen. Beih. z. botan. Zentralbl. **20**, 300—317, 1 Taf. 1906. — 15. **Hannig, E.** (1911): Über die Bedeutung der Periplasmodien. Flora **102**, 209—278 u. 335—382, 27 Fig., 2 Taf. 1911. — 16. **Hofmeister, W.** (1858): Neuere Beobachtungen

über Embryobildung der Phanerogamen. Jahrb. f. wiss. Botanik **1,** 82—188, 4 Taf. 1858. — 17. **Jacobssohn-Stiasny, E.** (1914): Versuch einer phylogenetischen Verwertung der Endosperm- und Haustorialbildung bei den Angiospermen. Sitzungsber. d. Akad. Wien, Mathem.-naturw. Kl. **123,** 467—597. 1914. — 18. **Johow, F.** (1885): Die chlorophyllfreien Humusbewohner West-Indiens, biologisch-morphologisch dargestellt. Jahrb. f. wiss. Botanik **16,** 415—449, 3 Taf. 1885. — 19. Ders. (1889): Die chlorophyllfreien Humuspflanzen nach ihren biologischen und anatomisch-entwicklungsgeschichtlichen Verhältnissen. Ebenda **20,** 475—525, 4 Taf. 1889. — 20. **Juel, H. O.** (1900): Vergleichende Untersuchungen über typische und parthenogenetische Fortpflanzung bei der Gattung *Antennaria*. K. Sv. Vet. Ak. Handl. **33,** 1—59, 6 Taf. 1900. — 21. Ders. (1905): Die Tetradenteilung bei *Taraxacum* und andern Cichorieen. Ebenda **39,** 21 S., 3 Taf. 1905. — 22. Ders. (1915): Untersuchungen über das Auflösen der Tapetenzellen in den Pollensäcken der Angiospsrmen. Jahrb. f. wiss. Botanik **56,** 337—364, 2 Taf. 1915. — 23. **Lagerberg, T.** (1909): Studien über die Entwicklungsgeschichte und systematische Stellung von *Adoxa Moschatellina L.* K. Sv. Vet. Ak. Handl. **44,** 1—86, 20 Fig. u. 3 Taf. 1909. — 24. **Murbeck, Sv.** (1901): Parthenogenetische Embryobildung in der Gattung *Alchemilla*. Lunds. Univ. Arsskrift **36,** Abt. 2, Nr. 7, 45 S., 6 Taf. 1901. — 25. **Netolitzky, F.** (1926): Anatomie der Angiospermen-Samen. In Linsbauers Handbuch der Pflanzenanatomie II. Abt., 2. Teil, **10,** 364 S., 550 Fig. 1926. — 26. **Overton, J. B.** (1904): Über Parthenogenesis bei *Thalictrum purpurascens*. Ber. d. Dtsch. botan. Ges. **22,** 274—283, 1 Taf. 1904. — 27. **Perrot, M. E.** (1899): Anatomie comparée des Gentianacées. Diss. Paris 105—294, 29 Fig., 9 Taf. 1899. — 28. **Rosenberg, O.** (1906): Über die Embryobildung in der Gattung *Hieracium*. Ber. d. Dtsch. botan. Ges. **24,** 157—161, 1 Taf. 1906. — 29. **Schoch, M.** (1920): Entwicklungsgeschichtlich-cytologische Untersuchungen über die Pollenbildung und Bestäubung bei einigen *Burmannia*-Arten. Diss. Zürich 95 S., 15 Textfig., 3 Taf. 1920. — 30. **Solereder, H.** (1908): Systematische Anatomie der Dicotyledonen **2,** 422 S. Stuttgart 1908. — 31. **Stolt, H.** (1921): Zur Embryologie der Gentianaceen und Menyanthaceen. K. Sv. Vet. Ak. Handl. **61,** Nr. 14, 56 S., 123 Fig. 1921. — 32. **Strasburger, E.** (1878): Über Befruchtung und Zellteilung 108 S., 9 Taf. Jena 1878. — 33. Ders. (1900): Über Reduktionsteilung, Spindelbildung, Centrosomen und Cilienbildner im Pflanzenreich. Hist. Beitr. H. 6, 224 S., 4 Taf. Jena 1900. — 34. Ders. (1905): Die Apogamie der Eualchemillen und allgemeine Gesichtspunkte, die sich aus ihr ergeben. Jahrb. f. wiss. Botanik. **41,** 88—164, 4 Taf. 1905. — 35. Ders. (1910): Sexuelle und apogame Fortpflanzung bei Urticaceen. Ebenda **47,** 245—288, 4 Taf. 1910. — 36. Ders. und **Koernicke, M.** (1913): Das botanische Praktikum, 5. Aufl. Jena 1913. — 37. **Svedelius, N.** (1902): Zur Kenntnis der saprophytischen Gentianaceen. Bih. T. Sv. Vet. Ak. Handl. **28,** III, 4, 16 S., 11 Fig. 1902. — 38. **Tischler, G.** (1915): Die Periplasmodiumbildung in den Antheren der Commelinaceen und Ausblicke auf das Verhalten der Tapetenzellen bei den übrigen Monocotylen. Jahrb. f. wiss. Botanik **55,** 53—90, 7 Textfig., 1 Taf. 1915. — 39. Ders. (1921): Allgemeine Pflanzenkaryologie. In: Linsbauers Handbuch der Pflanzenanatomie **2,** 889 S., 406 Fig. Berlin 1921. — 40. **Winkler, H.** (1906): Über Parthenogenesis bei *Wikstroemia indica* (L.) C. A. Mey. Ann. du Jard bot. de Buitenzorg. 2. Sér., **5,** 208—276, 4 Taf. 1906. — 41. **Wirz, H.** (1910): Beiträge zur Entwicklungsgeschichte von *Sciaphila* spec. und von *Epirrhizanthes elongata* Bl. Diss. Zürich 52 S., 22 Fig. u. 1 Taf. 1910.

X. Erklärung der Abbildungen zu Tafel I—V.

Tafel I.

Voyria coerulea. Abb. 1—7.

Abb. 1. Pollenmutterzelle mit Gemini. Vergr. 2050 : 1.

Abb. 2. Frühe Anaphase der heterotypischen Teilung. Einzelne Chromosomen noch in der Äquatorialplatte, andere schon an den beiden Polen. Vergr. 2050 : 1.

Abb. 3. Anaphase der heterotypischen Teilung. Vergr. 2050 : 1.

Abb. 4. Pollentetrade; von der erhalten gebliebenen Wandung der Pollenmutterzelle umgeben. Vergr. 2050 : 1.

Abb. 5. Einkerniges Pollenkorn in Vorbereitung zur progamen Teilung des Kernes, mit drei Keimporen. Vergr. 2050 : 1.

Abb. 6. Zweikerniges Pollenkorn von länglicher, schwach gebogener Gestalt, nach dem Einwandern des generativen Kernes. Vergr. 2050: 1.

Abb. 7. Pollenkorn nach der Teilung des generativen Kernes in die beiden Spermakerne. Vergr. 2050 : 1.

Leiphaimos spec. Abb. 8—12.

Abb. 8. Archesporzelle, kurz vor einer Teilung. Vergr. 2050 : 1.

Abb. 9. Pollentetrade mit erhaltener Wandung der Pollenmutterzelle. Vergr. 2050 : 1.

Abb. 10. Einkerniges Pollenkorn vor der progamen Teilung des Kernes, mit zwei Keimporen. Vergr. 2050 : 1.

Abb. 11. Zweizelliges Pollenkorn, generative Zelle noch an der Wandung des Pollenkornes liegend. Vergr. 2050 : 1.

Abb. 12. Querschnitt durch ein Pollenfach mit stark entwickelten Tapetenzellen, die weit ins Innere des Faches zwischen die Pollentetraden hineinreichen. Vergr. 480:1.

Tafel II.

Voyriella parviflora. Abb. 1—13.

Abb. 1. Pollenmutterzelle im Ruhestadium. Im Kerne noch keine größeren Chromatinkörper sichtbar. Vergr. 2050 : 1.

Abb. 2. Synapsis der Pollenmutterzelle. Vergr. 2050 : 1.

Abb. 3. Stadium nach der Synapsis, Bildung der Chromosomen, Nukleolus noch erhalten. Vergr. 2050 : 1.

Abb. 4. Gemini in der Diakinese, Kernmembran noch erhalten. Vergr. 2050 : 1.

Abb. 5. Metaphase der heterotypischen Teilung. Beginn des Auseinanderweichens der Chromosomen. Vergr. 2050 : 1.

Abb. 6. Anaphase der heterotypischen Teilung. Sichtbarwerden der Längsspaltung der Chromosomen. Vergr. 2050 : 1.

Abb. 7. Anaphase der homöotypischen Teilung. Eine Wandbildung ist noch nicht eingetreten. Vergr. 2050 : 1.

Abb. 8. Pollentetrade mit noch erhaltener Wand der Pollenmutterzelle. Vergr. 2050 : 1.

Abb. 9. Einzelliges Pollenkorn in Vorbereitung zur progamen Teilung des Kernes. Vergr. 2050 : 1.

Abb. 10. Zweizelliges Pollenkorn, generative Zelle noch an der Wand des Pollenkornes liegend. Vergr. 2050 : 1.

Abb. 11. Zweizelliges Pollenkorn, generative Zelle ins Innere der vegetativen Zelle eingewandert. Vergr. 1400 : 1.

Abb. 12. Pollenkorn nach der Teilung des generativen Kernes in die beiden Spermakerne. Vergr. 1400 : 1.

Abb. 13. Keimendes Pollenkorn mit dem vegetativen Kerne an der Spitze und den nachfolgenden Spermakernen. Vergr. 1050 : 1.

Tafel III.

Cotylanthera tenuis. Abb. 1—18.

Abb. 1. Pollenmutterzelle im Ruhestadium. Vergr. 2050 : 1.

Abb. 2. Synapsis der Pollenmutterzelle, Nukleolus außerhalb des Fadenknäuels. Vergr. 2050 : 1.

Abb. 3. Spiremstadium. Vergr. 2050 : 1.

Abb. 4. Diakinese mit längsgespaltenen Chromosomen. Vergr. 2050 : 1.

Abb. 5. Metaphase der heterotypischen Teilung in Seitenansicht. Vergr. 2050 : 1.

Abb. 6. Anaphase der heterotypischen Teilung, einige Chromosomen im Plasma zerstreut. Vergr. 2050 : 1.

Abb. 7. Pollentetrade mit erhalten gebliebenen Wänden der Pollenmutterzelle. Vergr. 2050 : 1.

Abb. 8. Einzelliges Pollenkorn vor der progamen Teilung des Kernes. Vergr. 2050 : 1.

Abb. 9. Metaphase der progamen Teilung, die Chromosomenplatte liegt in der Mitte der Zelle. Vergr. 2050 : 1.

Abb. 10. Anaphase der progamen Teilung, außerhalb der beiden Tochterknäuel liegen einige Chromosomen isoliert. Vergr. 2050 : 1.

Abb. 11. Zweizelliges Pollenkorn. Vergr. 2050 : 1.

Abb. 12. Einwandern der spindelförmigen generativen Zelle in die vegetative Zelle. Vergr. 2050 : 1.

Abb. 13. Ausgebildetes Pollenkorn, die generative Zelle im Innern der vegetativen. Vergr. 2050 : 1.

Abb. 14. Synapsis in der Embryosackmutterzelle, Nukleolus außerhalb des Chromatinknäuels. Vergr. 2050 : 1.

Abb. 15. Spiremartiges Stadium mit teilweise schon längsgespaltenen Chromatinfadenstücken. Vergr. 2050 : 1.

Abb. 16. Diakinese ähnliches Stadium, alle Chromosomen schon in Längshälften geteilt. Vergr. 2050 : 1.

Abb. 17. Metaphase der ersten Teilung der Embryosackmutterzelle. Vergr. 2050 : 1.

Abb. 18. Eine der durch die erste Teilung der Embryosackmutterzelle hervorgegangene Tochterzelle. Im Kerne alle Chromosomen in ihre Längshälften geteilt. Vergr. 2050 : 1.

Tafel IV.

Voyria coerulea. Abb. 1—6.

Abb. 1. Eiapparat und oberer Polkern. Die beiden Synergiden sind gegen den Scheitel des Embryosackes zugespitzt. Unterhalb der Synergiden liegt die Eizelle, daneben im Wandbelag des Embryosackes der obere Polkern. Vergr. 600 : 1.

Abb. 2. Eizelle und sekundärer Embryosackkern kurz nach der Befruchtung. Beide Kerne weisen deutlich zwei Nukleolen auf. Der sekundäre Embryosackkern ist von Stärkekörnern umgeben. Rechts oben der Rest des Pollenschlauches mit zwei Kernresten. Vergr. 600 : 1.

Abb. 3. Embryosack nach der Befruchtung. Rechts oben die befruchtete Eizelle, darüber die eine noch intakte Synergide. Links der Rest des Pollenschlauches mit einem Kernrest. Der sekundäre Embryosackkern ist dicht von Stärkekörnern umgeben. Zu unterst im Embryosack sind zwei Antipoden sichtbar. Vergr. 600 : 1.

Abb. 4. Embryosack mit den zwei ersten Endospermzellen. Oben neben der befruchteten Eizelle sind noch beide Synergiden erhalten. Unten zwei in Degeneration begriffene Antipoden. Vergr. 600 : 1.

Abb. 5. Einzelliger Embryo mit vier stark färbbaren Einschlüssen im Plasma. Vergr. 840 : 1.

Abb. 6. Zweizelliger Embryo. Vergr. 680 : 1.

Voyriella parviflora. Abb. 7—12.

Abb. 7. Achtkerniger Embryosack. Die beiden langgestreckten Synergiden im vordern verschmälerten Teile, darunter der Eikern und die beiden in Verschmelzung begriffenen Polkerne. Zu unterst die drei Antipodenzellen. Vergr. 600 : 1.

Abb. 8. Die beiden langgestreckten Synergiden, die sich durch den ganzen vorderen Teil des Embryosackes erstrecken. Vergr. 1050 : 1.

Abb. 9. Vorderer Teil des Embryosackes mit Eikern, sekundärem Embryosackkern und der Spitze des eindringenden Pollenschlauches mit den beiden generativen Kernen. Vergr. 1050 : 1.

Abb. 10. Keimkern und sekundärer Embryosackkern unmittelbar nach der Verschmelzung mit den Spermakernen. Rechts noch ein Rest des Pollenschlauches Vergr. 1050 : 1.

Abb. 11. Embryosack nach der Befruchtung. Der sekundäre Embryosackkern ist gegen die Mitte des Embryosackes hinab gewandert. An der Wandung die Keimzelle, deren Kern deutlich zwei Nukleolen zeigt. Vergr. 600 : 1.

Abb. 12. Vierzelliger Embryo eng von Endospermzellen umschlossen, in deren Plasma große, zusammengesetzte Stärkekörner. Vergr. 600 : 1.

Tafel V.

Voyriella parviflora. Abb. 1—4.

Abb. 1. Befruchtete Eizelle. Der Kern, der deutlich zwei Nukleolen aufweist, liegt in einem feinen, vakuoligen Plasma eingebettet. Vergr. 2050 : 1.

Abb. 2 und 3. Zwei langgestreckte, vielzellige Embryonen. In Abb. 3 in den beiden vordersten Zellen Teilungen in der Längsrichtung, die zur Bildung einer Embryokugel führen. Vergr. 600 : 1.

Abb. 4. Endospermzelle mit Stärkekörnern und Eiweißkristallen in dichtem, feinvakuoligem Plasma. Vergr. 600 : 1.

Leiphaimos spec. Abb. 5—13.

Abb. 5. Eiapparat und die beiden in Verschmelzung begriffenen Polkerne. Vergr. 600 : 1.

Abb. 6 und 7. Eiapparat und sekundärer Embryosackkern. Direkt an der Wand sind die beiden Synergiden, an deren Scheitel der Eikern und unmittelbar darunter der sekundäre Embryosackkern. Vergr. 600 : 1.

Abb. 8. Stadium unmittelbar vor der Verschmelzung der beiden Spermakerne mit Eikern und sekundärem Embryosackkern. Links der eingedrungene Pollenschlauch mit zwei Kernresten, daneben die unveränderte Synergide. Vergr. 1050 : 1.

Abb. 9. Embryosack nach der Befruchtung. Eikern und sekundärer Embryosackkern je mit zwei Nukleolen. An der Wand der Rest des Pollenschlauches und daneben die unbeschädigte Synergide. Vergr. 600 : 1.

Abb. 10. Junge Keimzelle an der Wand des Embryosackes, ihr Inhalt noch nicht kontrahiert, daneben der Rest des Pollenschlauches. Vergr. 600 : 1.

Abb. 11. Keimzelle während der Ruheperiode an der Wand des Embryosackes. Vergr. 600 : 1.

Abb. 12. Langgestreckter, einkerniger Embryo. Vergr. 600 : 1.

Abb. 13. Ausgebildeter, vierzelliger Embryo, durch einen zangenartigen Träger an der Wandung des Embryosackes befestigt. Vergr. 600 : 1.

Cotylanthera tenuis. Abb. 14—18.

Abb. 14. Junge, einzellige Keimzelle während der Ruheperiode an der Wand des Embryosackes. Vergr. 1050: : 1.

Abb. 15. Langgestreckter, einzelliger Embryo zwischen zwei Endospermzellen. Vergr. 600 : 1.

Abb. 16. Vielzelliger, einreihiger Embryo. Vergr. 600 : 1.

Abb. 17. Embryo nach den ersten Längsteilungen in den zwei vordersten Zellen. Vergr. 600 : 1.

Abb. 18. Ausgebildeter Embryo mit Suspensor und Embryokugel. Vergr. 600 : 1.

Curriculum vitae.

Ich, Ernst Oehler, wurde am 16. November 1899 in Arbon geboren. Im Jahre 1900 siedelten meine Eltern nach Brugg im Aargau über, wo ich die dortige Gemeinde- und Bezirksschule durchlief. 1916 trat ich ins Gymnasium der aargauischen Kantonschule ein, das ich Frühling 1920 nach bestandener Maturitätsprüfung verließ. Ich begann meine Universitätsstudien an der Universität Genf, wo ich im Jahre 1922 das Diplom eines licencié ès sciences erwarb. Sodann studierte ich zwei Semester an der Universität Bonn. Im Winter 1923 kam ich nach Zürich und habe vom Sommer 1924 bis Herbst 1926 die vorliegende Dissertation ausgearbeitet.

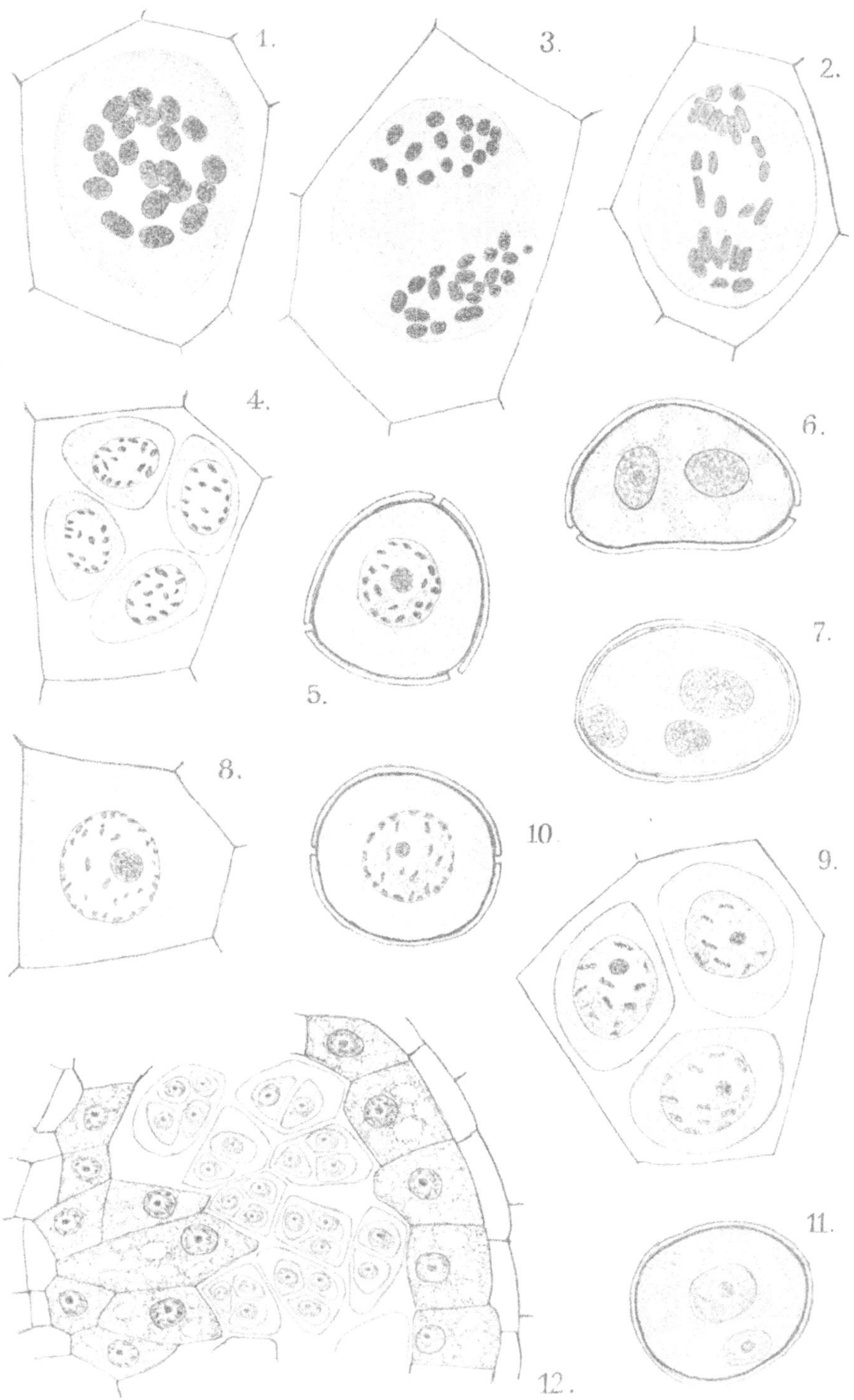
1.
3.
2.
4.
6.
5.
7.
8.
10
9.
11.
12.

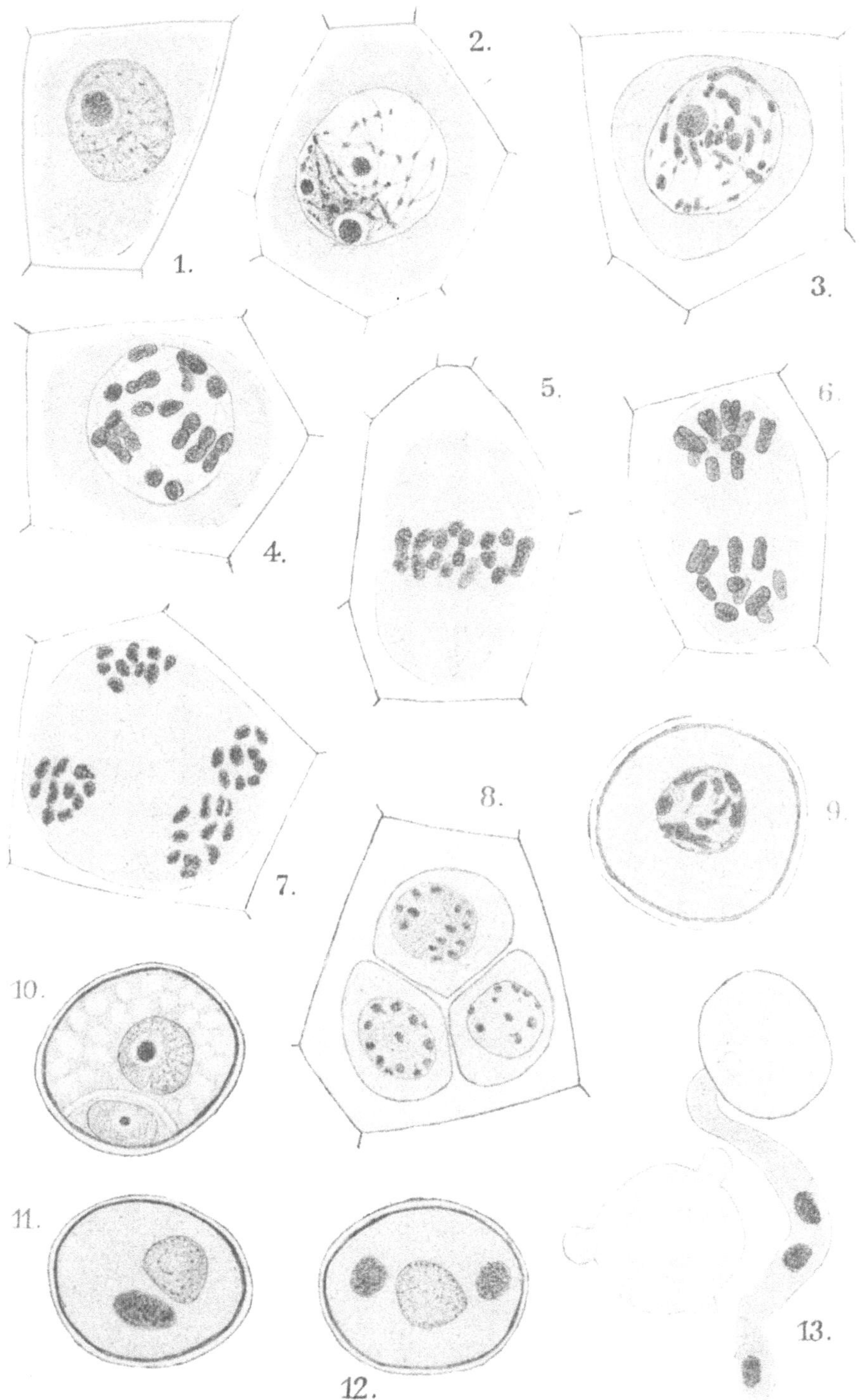
1.
2.
3.
4.
5.
6.
7.
8.
9.
10.
11.
12.
13.

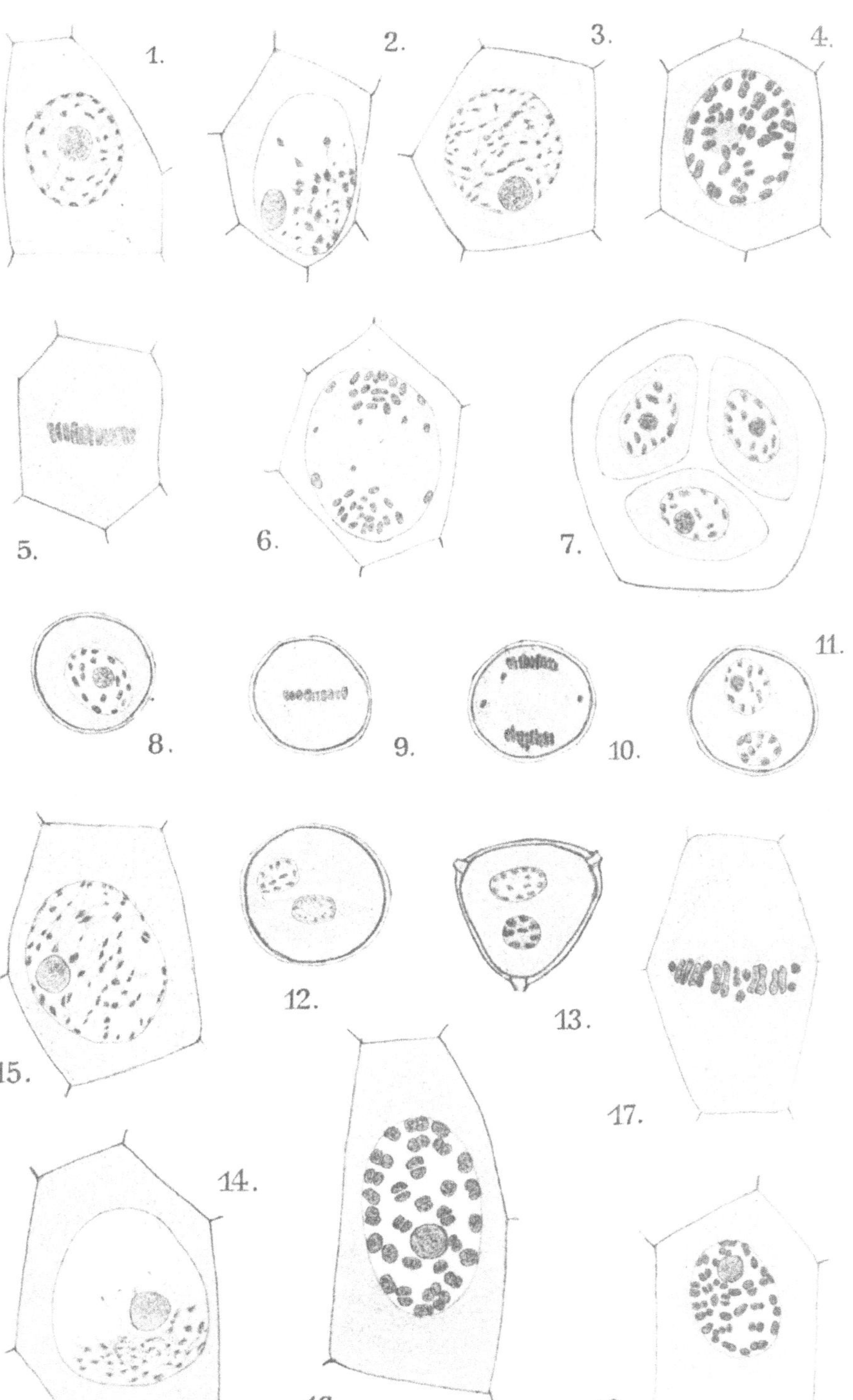
1.
2.
3.
4.
5.
6.
7.
8.
9.
10.
11.
12.
13.
14.
15.
16.
17.
18.

1. 2. 3. 4. 5. 6. 7. 8. 9. 10. 11. 12.

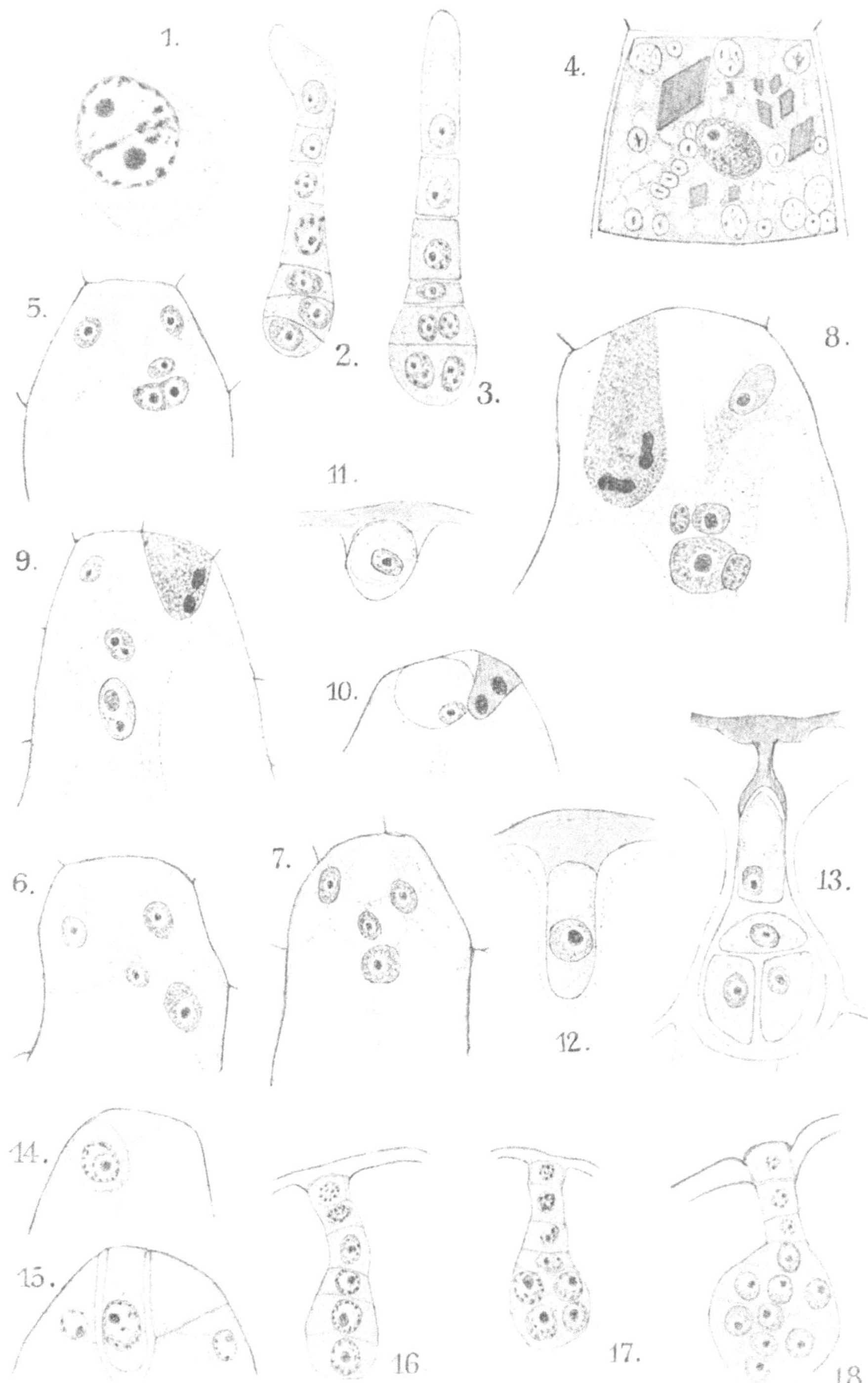
1.
2.
3.
4.
5.
6.
7.
8.
9.
10.
11.
12.
13.
14.
15.
16
17.
18